COLECCIÓN SALUD Y BELLEZA

COLECCIONES

Colección Ejecutiva
Colección Superación Personal
Colección New Age
Colección Salud y Belleza
Colección Medicina Alternativa
Colección Familia
Colección Literatura Infantil y Juvenil
Colección Didáctica
Colección Juegos y Acertijos
Colección Manualidades
Colección Cultural
Colección Espiritual
Colección Humorismo
Colección Aura
Colección Cocina
Colección Compendios de bolsillo
Colección Tecniciencia
Colección Esoterismo
Colección con los pelos de punta
Colección VISUAL
Colección Arkano
Colección Extassy

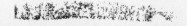

sant

El
poder
curativo
de los
cítricos

SELECTOR
actualidad editorial

Doctor Erazo 120   Tels. 588 72 72
Colonia Doctores   Fax: 761 57 16
México 06720, D.F.

EL PODER CURATIVO DE LOS CÍTRICOS

Diseño de portada: Carlos Varela

ISBN: 970-643-158-6

Primera reimpresión. Abril de 1999

Esta edición se imprimió abril de 1999, en Reprofoto, S.A. de C.V.
Agapando 92, Col. Jardines de Coyoacán, 04890, México, D.F.

Contenido

Introducción

Hace años, los limones se agregaban a los cuencos humeantes de ponche navideño, al final, cuando ya estaban listos. Las naranjas de Sevilla se transformaban en mermeladas, mientras que las naranjas de China, dulces, manjar delicioso, eran consumidas como postre a la salida de los teatros.

Hoy, en cada supermercado existen estanterías repletas de diferentes cítricos, diminutas joyas como las clementinas todavía colgando de sus hojas, grandes pomelos amarillo pálido. Bonitas limas de todos tamaños y colores, junto a la última introducción, la lima verde, una cruza de toronja y pomelo cruz de una carne dulce y deliciosa. Así como limones, naranjas y algunos de los muchos representantes de la familia de las mandarinas, como satsumas y bergamotas.

Rica en vitaminas C, B y E, con una saludable dosis de potasio y algunos carotenos, la fruta cítrica es un estupendo alimento, y no sólo sirven para dar sabor a las bebidas o para acompañar el pescado o el té helado, como mucha gente piensa.

Otros opinan que de tener algún poder medicinal, éste se encuentra en los ramos de novia. Es decir, un poder más simbólico que real, curativo del espíritu más que del organismo.

Pero esto no es así.

¿Quién no ha probado consumir jugo de limón con miel para reducir el dolor de la laringe? ¿Y si dijera que la toronja puede ser aún más eficaz?

Se ha demostrado que la esencia de naranja es un remedio contra la bronquitis, en tanto que el jugo de limas reforzará nuestro sistema respiratorio.

Dentro de esta serie intitulada EL PODER CURATIVO, ya se mencionó que las frutas en sí mismas no son milagrosas, pero que conjuntamente con un programa de ejercicio, una dieta alta en fibra, baja en grasas de origen animal y la ausencia de hábitos malsanos como beber y fumar, harán que vivamos más y mejor (véase: *El poder curativo de los jugos*, *El poder curativo del nopal*, *El poder curativo de la papaya*, *El poder curativo de los cereales*, *El poder curativo de las semillas mexicanas*).

Los cítricos son un auxilio importantísimo para procurar conservar nuestra salud.

Veremos en este libro la cura por medio de limones, el uso de las naranjas en aromaterapia para combatir bronquitis y evitar estados depresivos, los usos medicinales que le podemos dar a las toronjas, mandarinas y limas. Además, conoceremos algo de la historia de estas frutas y, desde luego, el lector conocerá deliciosas recetas cuya base son los cítricos.

Después de leer este volumen, seguramente deseará tener un árbol de cítricos en su casa y descubrirá que no se requiere de grandes extensiones de tierra para plantar un limonero, un naranjo o un árbol de lima. Asimismo descubrirá que los beneficios que obtenemos de estas plantas no se reducen únicamente al valor nutritivo del jugo de sus frutos.

Cítrico quiere decir amargo, pues el sabor acerbo del ácido cítrico caracteriza al jugo de estas frutas. Pero además de beber el jugo, podemos usar sus cáscaras y tegumentos, es decir, la piel que envuelve a los gajos, porque poseen virtudes terapéuticas, además de alimenticias. El delicioso jugo de naranja o toronja, como el jugo de limones, son esenciales para vivir más y mejor. También podemos usar hojas y flores, pues éstas producen aceites con los que elaboraremos esencias, infusiones y tisanas.

Sin el jugo de los cítricos enfermaríamos de escorbuto. Esto lo sabían los abuelos de nuestros abuelos, pues cuando Ponce de León llegó a la Florida en 1513, existía una ley naval según la cual todo marinero español estaba obligado a llevar consigo 100 semillas de cítricos y plantarlas donde llegara, pues se sabía que consumir limones, naranjas o cidras, con todo y su cáscara, era el mejor remedio contra esta terrible y mortal enfermedad.

Los cítricos

En general se llama cítricos a los frutos que producen los árboles de cidras o cidros, pomelos, limones, limas, naranjas, toronjas, mandarinas, bergamotas y acederas, que poseen grandes virtudes medicinales. Cítrico es el nombre común de varias especies de árboles y arbustos perennifolios, variedades del género *Citrus*, de la familia de las rutáceas (*Rutaceae*).

De muchos miembros de esta familia se extraen compuestos químicos utilizados en curtiduría, medicina y perfumería. Otros se cultivan como plantas ornamentales. De muchas rutáceas se obtienen compuestos medicinales, tales como tónicos, diuréticos y preparados fortalecedores de los capilares sanguíneos. Las especies del género representativo se cultivan mucho como plantas aromáticas y por sus virtudes medicinales.

Estas plantas, nativas del sur del continente asiático, forman una gran familia que, según las investigaciones actuales proceden de un fruto que debió estar entre el citrón y la toronja. Algunas de sus características son los apéndices alados de los peciolos de las hojas; las flores de color blanco o púrpura y el fruto, una baya grande, con cáscara esponjosa o coriácea y jugosa pulpa segmentada.

Son arbustos o arbolillos pequeños y espinosos, normalmente de hoja perenne. Muchas especies presentan ramas espinosas. Las hojas, las flores y las cáscaras de los frutos son ricas en esencias volátiles y muy fragantes con hojas brillantes, coriáceas y cuyas puntas presentan glándulas de aceite. Estos aceites esenciales son muy apreciados en perfumería para preparar esencias, así como por los médicos naturistas, pues se obtienen tisanas e infusiones terapéuticos de gran valor, como veremos más adelante.

En los tallos, de los cuales surgen ramificaciones con hojas, hay pequeñas espinas. Sus flores perfumadas tienen cinco pétalos blancos, pero también algunos tipos tienen manchas púrpura en las superficie exterior. Las frutas son esféricas u ovales, tienen de 8 a 14 secciones jugosas, llamadas gajos, que contienen las semillas, por lo regular grandes, blancas o verdosas (cotiledones).

Estos árboles se cultivan en huertos o bosquecillos y en jardines donde el clima y la tierra son convenientes, asimismo como plantas de invernadero, donde hace demasiado frío. Los cítricos requieren de una temperatura de invierno mínima siempre superior al punto de congelación del agua, de otro modo, mueren. Prefieren los climas tropicales a los climas templados y crecen en muchos países de América del Centro y del Sur, así como en Arizona, California, Florida, Louisiana y Texas, en Estados Unidos.

Sus múltiples usos ya eran conocidos desde tiempos remotos en Asia, pues todos ellos provienen de China, India e Indonesia. Durante siglos, se conoció empíricamente el PODER CURATIVO DE LOS CÍTRICOS, pero en nuestros días, con el resurgir de la fitoterapia y de la medicina preventiva, los científicos nos muestran, y con claridad, por qué estas frutas, nutritivas y deliciosas, tienen tantos poderes curativos.

¿A quién se dirige este libro?

En este libro hablaré acerca de la historia de cada una de estas plantas. Veremos sus usos medicinales y cosméticos. Y aprenderá el lector a preparar nuevas recetas cuyo principal ingrediente son los jugos de estas frutas. Es decir, es una guía práctica para su salud. Si usted quiere vivir más y mejor, este libro está dirigido a usted.

Si bien se han publicado varias obras de gran extensión sobre el tema, por lo general estas publicaciones no se encuentran al alcance del extenso público lector. O bien son obras demasiado técnicas o, sumamente caras.

Por otra parte, se han editado y se editan numerosos panfletos, folletos y artículos en periódicos y revistas, pero en su mayoría se dirigen a especilistas por su terminología, y por consiguiente, como en el caso anterior de difícil lectura para el público en general. O, por el contrario, carecen de todo fundamento científico, pues se trata de ofertas, a modo de panaceas, es decir, de remedios milagrosos, que lejos de informar, confunden, y cuya real intención es vender los productos del fabricante que, a veces, ni siquiera contienen lo que ofrecen, sino que se trata de químicos de dudosa procedencia.

Si usted es un científico o un lector profano casual interesado en los cítricos y sus virtudes, debo decirle, estimado amigo, que he ideado este libro con el fin de que sea atractivo tanto para el profano en la materia, como para el científico y el horticultor profesionales. Me he basado tanto en estudios previos que citaré en su oportunidad, como en las reflexiones de quienes están en contacto diario con este fruto. A lo que debo añadir mis experiencias personales sobre el tema, pues curarme por medio de plantas, flores y frutos, e informarme acerca de estos temas, es una pasión de más de 15 años y que cada día va en aumento.

Artículos previos fueron publicados en las revistas *Muy Interesante*, *Conocer*, *Vogue* y en la francesa *Vital*, entre otras, pero ahora tengo la alegría de poder compilar mis averiguaciones previas, en forma de libro.

Desde hace más de 10 años tengo en mi jardín árboles de cítricos: naranjos que dan fruta dulce y otros más acitronados, limones de dos tipos y un árbol de mandarina. Cada día disfruto del placer de cortar o recoger las bayas (aunque a veces esto sea una responsabilidad de mis dos hijos pequeños). Y elaboro agua, jugo o extracto; las hojas sirven como tés y las cortezas para elaborar mermelada o agua para enjuagar platos. Con las naranjas agrias, además de la mermelada, preparamos achiote a la yucateca.

Por todo ello puedo asegurar al lector, que los cítricos son un apoyo fundamental para la salud de mi familia y deseo, de todo corazón, que lo sean también de la suya.

Cinco frutas al día: un camino para mejorar su salud

El 5-al-día es un programa coopera.vo entre el Instituto de Cáncer de Estados Unidos y .a Fundación Mejor Salud, que pretende animar a los ιorteamericanos a mejorar sus hábitos alimenticios comiendo cinco frutas al día.

La meta es reducir el riesgo de cáncer relacionado directamente con la dieta, asimismo, reducir el riesgo de contraer enfermedades del corazón y otras crónicas, aumentando el consumo de frutas y verduras. En Estados Unidos se consumen en promedio 3.5 frutas por día y por persona; pero se pretende que para el año 2000 este promedio aumente a cinco.

En México el promedio es muy variable. Esto se debe tanto a factores económicos, como regionales y culturales. Por ejemplo, en el norte del país se tiene por costumbre consumir grandes porciones de carne; aunque no es la regla, ya que los menos pudientes deben conformarse con productos de origen animal, más económicos: vísceras, cuero, trompa, buche, etcétera. El consumo de verduras y frutas se reduce al mínimo, en algunas personas ni siquiera una al día. Pero a la vuelta de la esquina, tal vez esté la familia que tenga sembrado en el patio de atrás de la casa un número considerable de frutales, a modo de huerta, y consumirá fruta en abundancia. Los problemas alimenticios se producen no sólo por el consumo de pocas calorías, sino también por el exceso.

El programa 5-al-día se basa en la llamada pirámide nutricional, y en las pautas dietéticas que estadísticamente siguen personas saludables.

Se recomienda una dieta más baja en grasa y sodio e incluir más fruta, verdura y granos.

Ponga un cítrico en su camino

Éstas frutas son muy apreciadas debido a su alto valor para la salud. Asimismo, porque de ellas se obtienen aceites esenciales, pectina, condimentos, perfumes y otros derivados de sus flores y frutas, lo cual los hace vitales en nuestra economía mundial.

Aunque todo cítrico fructifica con algún grado de acidez, las frutas cítricas son dulces y jugosas, y altas en vitamina C. Las frutas selectas tienen apariencia fresca y son pesadas para su tamaño. La mayoría de las frutas cítricas es anaranjada o se pone amarilla al madurar pero cada una tiene su propio color especial. Cada fruta tiene sabor propio y único, con la característica agrio y dulce a la vez, una dulzura para "arrugar la boca".

Para tener una buena salud, debemos incluir en nuestra dieta cinco frutas al día. Coma todos los días por lo menos una fruta o verdura rica en vitamina C, con cada uno de sus alimentos. Las naranjas, las mandarinas y los tangelos son deliciosos, fáciles de comer a bocados.

Para efectuar una buena selección:

• Escoja fruta que sea pesada para su tamaño.

• Que ceda ligeramente a la presión de su palma.

No almacene cítricos por más de 5 días, ya que aunque resisten hasta 2 semanas a temperatura ambiente, pierden valores vitamínicos día con día.

Los usos y la preparación son muy variados, como luego veremos. Básicamente, empleamos las cáscaras para ralladuras, jaleas y mermeladas. Los gajos los consumimos frescos. Los tegumentos pueden cortarse en tiras y mezclarse con las ensaladas.

La próxima vez que esté en la sección de frutas de su supermercado, observe cuántos cítricos diferentes ve y seleccione algunos para llevar a casa. Pruebe todas las variedades diferentes de cítricos disponible para descubrir cuáles le gustan más. Esta familia de frutas incluye entre sus miembros la bergamota, el citrón, la toronja, el kuncuat, el limón, la lima, la naranja, el pomelo, el shaddock, el tangelo y la mandarina, entre otros más, como el ugli y el kinoto.

Los 3 puntos de mayor importancia en el programa *5-A-Day* (5-al-día) son:

- Coma cinco frutas al día.
- Coma por lo menos una fruta rica en vitamina C, todos los días.
- Coma una fruta (verdura o granos) alta en fibra dietética todos los días.

I.

Un mundo cítrico

Todavía hoy sabemos que una tisana de hojas de limón o de lima es un remedio eficaz contra los cólicos menstruales. Y que el té de naranja o de otros cítricos ayuda a disminuir la temperatura del cuerpo en los estados febriles.

La primera línea de cítricos: pomelos y toronjas

La primera línea de cítricos que echó ramas en el sudeste de Asia se conoce como pomelo (también se deletrea pummelo). Uno de los familiares más cercanos del pomelo, es la toronja que ahora crece incluso muy lejos de Asia.

Los pomelos son mayores en tamaño que las toronjas, los más grandes alcanzan el tamaño de una pelota de fútbol, tienen una cáscara espesa y el tegumento o médula blanca es muy consistente, por lo que se les considera como preservadores naturales. La carne es más dulce y jugosa que la de la toronja. Por todo esto, se les importó de Asia y se dio más variedad a los productos del huerto en nuestras tierras.

Cuando compre pomelos, elija los que vienen con tallo y hojas, pues claramente se notará que están frescos, con las hojas puede hacer un delicioso té.

La toronja se reconoce como una especie distinta de cítrico. Nunca se le mencionó en textos botánicos chinos antiguos que catalogaron otros cítricos principales por lo que, se sospecha que se trata de un cítrico que creció fuera de Asia, probablemente de una cruza silvestre entre pomelo y naranjas dulces.

Los periodos largos de calor ininterrumpido, son imprescindibles para que la toronja sea dulce. De tal manera los granjeros de la costa no podían cultivarlas. Por tanto, los científicos del Centro de investigación de la Universidad del Cítrico de California, Riverside, salieron al rescate con genes de un pomelo asiático. Una cruza entre una toronja blanca y un pomelo siamés no ácido de Tailandia realizada por el doctor Mikeal Roose, botánico de dicha universidad, engendró dos variedades de toronja de clima frío, conocidas como Oroblanco y Mellowgold.

El pomelo tiene dos juegos de cromosomas mientras la toronja tiene cuatro y la descendencia tres, por lo que sus frutos no tienen semillas. Tienen el peso llamativo de su padre tailandés pero una piel más delgada. Son más dulces que la toronja, incluso cuando crecen en clima fresco.

La segunda línea de cítricos:
limas, limones y citrones

Los limones son el vástago principal de la segunda línea de descendencia del cítrico original que echó ramas al sur de las colinas de Himalaya, en las llanuras del norte de la India de hoy, en la frontera con Pakistán. Una de las imágenes artísticas más viejas de un cítrico, se encuentra en un pendiente encontrado en Mohenjo-Daro, una zona arqueológica en el Valle del río Indo, con un pasado de 4 000 años. Representa a un limón. O quizás es un citrón, una especie más vieja, de la que el limón tal y como lo conocemos en México, a lo largo de la evolución, puede haberse desprendido de la rama principal.

Un manojo de productores certificados en California del Sur cultiva citrones y es una costumbre que se extiende por toda América. Ello se debe a que los citrones, favorecidos por su cáscara y tegumento esponjoso son frutas afortunadas para elaborar confites, pasteles, algunos platillos judíos y aguas para ceremonias religiosas chinas, así como aceites para perfumería. Otras personas usan citrones para refrescar el aire de su casa, pues cuando la piel es cortada, exuda un aroma cítrico, refrescante, durante varias semanas, después ellos todavía pueden cortarse y se pueden rociar encima de verduras o pescado.

El pariente ancestral de las limas, es otra fruta en forma de vieja pelota, llamada, la lima de Kaffir. Las

Kaffirs se cultivan principalmente por sus hojas, que se usan en la cocina tailandesa. La lima de Kaffir es sumamente agria y la usan las vietnamitas para lavar su pelo.

En el extremo opuesto del espectro dulzura-agrio, está el limón de *Meyer*, un miembro perteneciente a las más modernas familias. Es un fruto relativamente reciente, y los botánicos presumen que se trata del producto de una cruza entre un limón y una naranja, que ocurrió en China entre los años 300 y 400 de nuestra era.

La tercera línea de cítricos: mandarinas y naranjas

Una tercera y última línea del cítrico original, comprende la familia de las naranjas y las mandarinas.

Se sabe que las naranjas fueron obtenidas hace mucho tiempo al norte de China. Como a América llegaban procedentes de aquel país, se las conoció como "chinas" o "jugo de china". Las cultivadas para el mandarín se llamaron naranjas de mandarín o mandarinas. No hace mucho tiempo, las mandarinas, también conocidas como tangerinas, eran un obsequio que se daba en Navidad, pues eran consideradas un fruto delicioso y muy exótico. Ahora, las variedades de mandarinas están disponibles desde octubre y hasta marzo, aunque en México se han logrado arbustos que producen fruto durante el año entero. Existen seis variedades diferentes que se cultivan con fines comerciales, Fremonts y Pixies están entre las más comunes.

Las naranjas más viejas son las llamadas de Valencia, naranjas del Moro o valencianas. Llegaron a España con la invasión mora y a América de la mano de los españoles. La naranja de sangre, naranja de Borgoña o naranja roja es un miembro de esta familia de cítricos que puede haber evolucionado en Malta o Sicilia en los últimos siglos.

El tangelo es otro primo del clan del cítrico, una cruza entre una toronja blanca y una mandarina de Dancy. Se trata de una fruta sin semilla, que es fácil de pelar, cuya mies se siega de enero a junio. Lo curioso del tangelo es que su sabor incluye el rango genético del clan del cítrico, todos en una sola fruta. "Empieza la estación con un sabor como una toronja. Acaba la estación como una mandarina dulce", explica Jeanne Warren, del Rancho Tangelo.

Los tangelos también son inconstantes en su forma. "Es como si quisieran tener una forma diferente todos los años," dice Warren. normalmente son del tamaño y la forma de una pera, pero raramente son redondos, así que no pueden manejarse para embalaje y por consiguiente no se ven a menudo en supermercados.

II.

Naranja dulce, limón partido

LOS CÍTRICOS QUE VAMOS A ESTUDIAR

Las bayas de acedera no son cítricas, pero se las confunde como tales. Si bien existen cientos de variedades, sólo ocho plantas hortícolas son importantes:

Citrón (*Citrus medica*): Ésta fue la primera fruta cítrica que se presentó en Europa, fue llevada por los ejércitos de Alejandro el Grande aproximadamente en el año 300 antes de Cristo. Encontró una casa conveniente en la región mediterránea, donde ha sido cultivado desde ese tiempo al presente. Crece como un arbusto irregular o un árbol pequeño con vastas y luminosas hojas verdes. Las flores se pintan púrpura por fuera. Y se transforman en un fruto grande, oblongo o elipsoidal. La cáscara es muy espesa y áspera y se pone amarillo por fuera y blanco por dentro. El tegumento blanco es muy grueso, la pulpa es pequeña, verdosa y de escaso jugo, muy ácido en la mayoría de los tipos.

Originalmente se les cultivó en Europa por su fruta fragante, pero después, la pulpa blanca se usó cruda, sirviéndose como ensalada o con el acompañamiento de los pescados. Con el tiempo se descubrió un método para endulzar la cáscara y hoy el confite de citrón es el producto principal en los mercados europeos.

En Italia del sur, la isla de Córcega y algunas islas griegas crecen casi todos los citrones europeos.

Toronja (*Citrus paradisii*): Árbol vigoroso que alcanza una altura de 10 a 15 metros. Tiene una cabeza espesa de follaje. Sus hojas son grandes, en forma ovalada y puntiaguda. Sus flores son blancas y se producen individualmente o en racimos. Las frutas, de mayor tamaño que las naranjas, normalmente crecen en manojos. Las toronjas tienen la piel ligeramente amarilla y la carne blanca o rosa plateada, semillas blancas más grandes que las de la naranja. El sabor es una mezcla de ácido, dulce y amargo.

Limón (*Citrus Limonia*): Árbol pequeño, con muchas ramas, que crece de 3 a 6 metros de alto. Es espinoso, de hoja perenne y sus hojas son estrechas, ovaladas y verde brillante. Los brotes de la flor nacen en pares y se tiñen de púrpura. Los pétalos son blancos por dentro y púrpuras en la superficie exterior. La fruta es normalmente puntiaguda en sus extremos y madura adquiere un tono amarillo luminoso o amarillo limón. Su carne es ligera y sus gajos delgados. Las semillas son ovoides y lisas. Los limoneros crecen fuera de las regiones frías, aquellas libres de escarcha.

El limón se cultiva para la industria del ácido cítrico que se usa en condimentos y algunas bebidas. La cáscara del limón se puede confitar.

Lima (*Citrus aurantifolia*): Árbol de hoja perenne, pequeño, espinoso que echa ramas en forma irregular. Sus hojas son menudas, elípticas y de color verde pálido. Las flores blancas son diminutas y se producen en racimos axilares. La fruta es pequeña, redonda y con cáscara delgada. La pulpa es verdosa y con aproximadamente diez secciones o gajos. El jugo es ácido con un sabor distintivo.

La lima es un fruto nativo de la India, pero su cultivo se ha extendido por el mundo tropical. Llegó a América con los españoles donde se esparció, se ha naturalizado dando especies particulares. De México, se llevó a California. Y de allí se extendió al sur de Estados Unidos.

La mayoría de las limas son ácidas, pero hay también tipos dulces. Se recoge todavía verde y se usa de la misma manera que el limón.

Mandarina (*Citus deliciosa*): Este árbol nativo del sudeste de Asia es pequeño y espinoso tiene ramas delgadas, y hojas elípticas. Las flores son pequeñas y blancas y crecen individualmente o en racimos pequeños. Las frutas son anaranjadas o rojo anaranjado con una piel suelta, tienen forma redonda, achatada en ambos lados. Tienen de 9 a 5 gajos que se unen

débilmente a la piel y entre sí. La pulpa es profunda-
mente anaranjada y dulce, por lo general; aunque hay
una variedad bastante ácida. Sus semillas son verdes
y numerosas. La fruta rinde un jugo de alta calidad y
se consume como postre.

Pomelos o shaddock (*Citus maxima*): Árbol grande,
con una cima redonda con ramitas rizadas cuando
joven. Sus hojas son ovaladas. Las flores blancas
nacen individualmente o en manojos. El fruto es el más
grande de todos los cítricos. Se trata de un globo, con
forma moderada de pera, que se divide internamente
en 11 a 14 gajos. La pulpa es ligera, de color rosa y
con sacos de jugo muy grandes, con la forma de husos
y se separan fácilmente entre sí.

Este árbol es nativo del sudeste de China, donde se
le cultiva por su fruta. En otras partes del mundo se ha
cultivado como árbol ornamental, debido a sus enor-
mes frutos, que hoy se consumen en todas partes, pues
contienen abundante vitamina C y fibras dietéticas.

Se relaciona estrechamente con la toronja, pero es
mucho menos resistente al frío.

Naranja agria (*Citrus aurantium*): Este árbol pequeño y espinoso crece hasta alcanzar 10 metros de altura
y tiene cima redondeada. Es más robusto que el de la
naranja dulce. Sus hojas son muy fragantes cuando se
aplastan. La fruta es anaranjada o rojizo naranja con
piel áspera, fuertemente perfumada y amarga. Se divide en 10 a 12 secciones en su interior, con una pulpa
muy ácida.

La naranja agria se cultiva extensivamente pues su fruta se usa para hacer mermelada. En las áreas donde crece, se usa para hacer bebidas de frutas ácidas, propias para tiempo caluroso.

Naranja dulce (*Citus sinensis*): Árbol mediano que alcanza a medir de 8 a 12 metros, con cabeza redonda y compacta. Las hojas son ovales. Las flores fragantes y blancas, crecen en racimos pequeños. La fruta muy conocida en todo el mundo, es redonda u ovoide, coloreada del rojizo al naranja. La carne jugosa es anaranjada y bastante ácida y puede haber una o muchas semillas dentro de sus gajos.

Variedades

Del citrón (*Citrus medica*) son: Corsican y Etrog.

De la toronja (*Citrus paradiisi*) son: Duncan, más resistente al frío. De Pantano, se consume como fruta fresca, pues no es conveniente enlatar su jugo. McCarty, variedad favorita en Florida. Ruby, para fruta fresca. Y Triunfo, valiosa para el jardín de la casa.

Del limón (*Citrus Limonia*) son: Eureka muy ácida, es una variedad comercial favorita. Lisboa muy ácida, se comercializa en California, pese a ser originario de Portugal. Meyer, más resistente al frío que otros limoneros, muy fructífero. Otaheite, insípido o dulce, a veces clasificado como lima, excepto porque los brotes de su flor púrpura y las superficies exteriores del pétalo indican que es un limón. Normalmente es un arbusto pequeño que se puede cultivar en maceta; muy bonito cuando está en flor y con fruta. Ponderosa, también conocido como maravilla americana. Frutal ornamental y de jardín. Áspero, de jugo ácido. Villafranca variedad favorita en Florida.

Lima (*Citrus aurantifolia*): Bearss de jugo muy ácido, sin semilla. Variedad comercial favorita de California, de donde se decía que era originaria. Mexicana, un grupo de arbolillos similares. Con variedades distintas como Pantano, Palmetto y Yung. Rangpur, de jugo muy ácido, planta de jardín. Tahití, también conocido como Pérsico de sabor distintivo. Variedad favorita en Florida del sur donde se emplea como fruta fresca y para jugo.

Mandarina (*Citrus noblis deliciosa*): Cleopatra, valorada como ornamental. Dancy, jugosa y dulce. La variedad más importante del grupo, normalmente conocida como mandarina, se originó en Florida. Rey, jugosa. Satsuma, fruta de calidad excelente, la cual se emplea para injertos. Templo, jugosa. Kalamondin, muy ácida, usada para bebidas y mermeladas de calidad. Muy ornamental y robusto.

Naranja agria (*Citrus aurantium*): Amargo Dulce, que fructifica ligeramente ácida. Ramillete, Mirto Leaved, Abigarrado.

Naranja dulce (*Citrus sinensis*): Hamlin, casi sin semilla, de calidad excelente. Piña, de sabor rico y calidad excelente. Ruby, de exquisito gusto y propiedades extraordinarias. Valencia la naranja tradicional. Washington o de Ombligo, sin semilla; una de las favoritas.

Otros frutos cítricos significativos

Es necesario hacer un paréntesis para mencionar a las bergamotas, los kinotos, los kalamondines y los uglis, entre otros cítricos asiáticos; pues si bien tal vez en esta breve presentación de los cítricos faltará hablar de muchos otros, para darle al lector mexicano una idea aproximada de la variedad existente en el mundo de frutas de este tipo, estudiaremos muy brevemente algunos no tan conocidos en México en la actualidad, pero cuya demanda podrá crecer en un futuro cercano.

Para que el lector no se pierda, propondré al lado de una fruta el pariente próximo que puede sustituirla, de tal modo que cuando decida elaborar una receta con alguno de ellos, y no lo encuentre, pueda recurrir a uno similar.

Las bergamotas pueden sustituirse con jugo de limas dulces.

Las naranjas de sangre, tienen como suplente a la naranja de carne, que aunque no es roja y sí más agria, si se acompaña con mandarinas, dará un sabor similar.

El kalamondin puede suplirse con el kuncuat (ligeramente más pequeño) o con el jugo de toronja china.

El citrón con el limón.

La naranja clementina o naranja de Florida, por las limas dulces.

Las toronjas son sustituidas por los frutos del ugli (más sabrosos, sin duda).

Los pomelos (menos agrios y menos amargos) por el tangelo (cruza de mandarina y toronja).

El kalamansi por limas agrias.

Los kuncuats por las limequats, las kalamondin, las naranjas de Oregon.

El limón tiene como suplente a las limas ácidas o verdes y a los citrones.

Las limas incluyen una variedad muy sorprendente, que incluye la lima del Pérsico (agria), la de Tahití (más pequeña, menos jugosa), la lima de Florida (jugosa, y más agria), la lima mexicana o lima yucateca (dulzona). Uno de sus suplentes es el jugo de limón, de sabor más débil, menos agrio. Pero todos sabemos que no es lo mismo preparar una sopa de lima con lima que con jugo de limón...

El limequat se sustituye con los kuncuats (muy similares en apariencia, pero de diferente sabor).

La naranja del mandarín o mandarina, puede reemplazarse con naranjas clementinas o con bergamotas dulces.

La lima mexicana, en algunas preparaciones puede sustituirse por la naranja de sangre (más carnosa, menos agria y roja); mandarinas combinadas con naranja; kuncuats y uglis. O por toronjas mezcladas con pomelos.

La lima del Pérsico por limos con toronja.

El pomelo (pummelo, toronja china o shaddock) si se reemplaza con la toronja, más agria y más amarga, puede dar un sabor similar.

La lima de Tahití, por otro tipo de limas.

El tangelo se sustituye con mandarinas y toronjas.

Las mandarinas tienen un sabor muy peculiar, pero las naranjas muy dulces pueden imitarlo.

Los ugli (uniq) tienen como suplentes a la toronja, no dulce, y a las naranjas agrias.

Bayas de acedera

Acedera es el nombre común de un grupo de dos centenares de especies de plantas herbáceas de la familia de las poligonáceas, distribuidas ampliamente por todas las regiones templadas del mundo. Suelen tener una vigorosa raíz y grandes hojas. Las flores son de vivos colores y dispuestas en inflorescencias densas. Casi todas las especies son malas hierbas.

La romaza grande, de hasta 2 m de altura, es apreciada en jardinería. Las hojas de la romaza crespa y la acedera común se consumen como verdura. De la raíz del llamado ruibarbo silvestre o cañagria, nativo del suroeste de Estados Unidos, se extraen taninos, utilizados en la curtiduría. De esta planta se consumen las hojas y los peciolos. En el ruibarbo verdadero, una planta totalmente distinta, estas mismas partes son tóxicas.

Las especies de acedera de crecimiento bajo se llaman también romazas. Una de ellas, la acedera común, Rumex acetosa, es en la actualidad muy apreciada por ser el fruto que se conoce más rico en vitamina C. Las bayas de acedera contienen la dosis

diaria que nuestro organismo requiere de esta vitamina
para mantenerse en perfecto estado de salud. Y si bien
esta propiedad la hace notoria, debo señalar que es una
equivocación confundirla con un cítrico, pues la acedera pertenece a otro género de plantas, comprendidas
dentro de la familia Polygonaceae.

El bergamoto

El primer cítrico con el que vamos a tratar es el
bergamoto, cuyas frutas, las bergamotas, son una especie de naranja con forma de pera.

Originario de Persia, este arbolillo de la familia de
las Rutáceas, alcanza entre 4 y 5 m de altura. Tiene el
tronco liso, es ramoso, con la copa abierta. Las hojas son
alternas, aserradas, duras y lustrosas. Sus flores son
blancas, pequeñas y olorosas. Su fruto es la bergamota,
que tiene forma esferoidal aplanada de unos 5 cm de
diámetro, pulpa verdosa, dividida en gajos, de sabor
agridulce. La corteza es lisa y amarilla y, al igual que
las naranjas, contiene vesículas llenas de aceites esenciales muy apreciados en perfumería.

Se cultiva en casi todas las regiones subtropicales,
por su fruto jugoso y comestible y tiene propiedades
medicinales. En algunos países de América se le llama
naranjo agrio. Pero no debe confundirse con una variedad de naranjas ácidas, muy apreciadas en Yucatán
para la preparación del achiote, y en Inglaterra, pues
con ellas se prepara la famosa mermelada de naranjas
agrias.

La especie a la que me referiré tiene el nombre de *Citrus aurantium*, con una subespecie *bergamia*.

El kalamondin

Este fruto de Oriente, mitad limón mitad naranja, es muy apreciado por su delicioso sabor. A algunas personas les disgusta esta fruta, pues la cáscara es sumamente amarga, mientras que su interior es dulce; ni saben realmente qué hacer con el árbol del kalamondin, tan pequeñito, ni cómo usar su fruta que no se parece a un verdadero limón ni sabe ciertamente como una naranja. De hecho, al morder esta fruta probablemente arrugue su boca y su lengua.

La fruta es pequeña y cuando madura se vuelve de color naranja, pero en ocasiones es amarilla. La piel y la carne del fruto son suaves, fragantes. Pero si se arranca demasiado pronto del arbolito, y se muerde, ¡el atrevido verá qué amargo puede llegar a ser!

Así que algunas personas prefieren hacer de ésta, una planta ornamental. Es un árbol enano, de espeso follaje y como se trata de un frutal prolífico, tolerante al frío y muy atractivo por el contraste del tono verde de sus hojas con el naranja y amarillo de sus frutos, los japoneses suelen colocarlo para decorar la casa.

El nombre científico de esta especie es *Citrofortunella mitis*.

Los kalamondin fructifican en bayas, que alcanzan únicamente 3 cm de diámetro, con apariencia de mandarina pequeña. Algunos criadores piensan que hay la posibilidad de que el kalamondin sea un híbrido de limón y mandarina, o del limón y kuncuat, o kuncuat y mandarina. Hay en Asia otras dos variedades más de este cítrico llamadas lima dulce y la lima de Rangpur, pero ninguna de estas dos ha tenido una verdadera importancia comercial en Occidente. Sin embargo, la variedad dulce, también conocida como limón dulce, es ampliamente cultivada alrededor de las orillas del Mediterráneo, por familias que gustan de su sabor, aunque aún no se le explota comercialmente. Y aunque se usó como injerto para las naranjas en Brasil e Israel, debido a que es poco resistente al xyloporosis, enfermedad viral, no se encuentra fácilmente ni en Estados Unidos ni en México.

El jugo de kalamondin, con alto volumen de vitamina C, puede usarse como el limón y es útil para hacer bebidas refrescantes. Su especial sabor se emplea para guarnecer tallarines, hacer pasteles, mermeladas, confituras y salsas, y se usa en sopas y tés. El sabor es muy distintivo.

Úselo como si fuera limón o lima. El jugo puede congelarse en bandejas para hielo y guardarse en bolsas de plástico en el congelador, entonces se emplea uno de estos cubos en un momento de preparar limonada.

Hay muchos otros usos para el kalamondin y su creatividad sólo puede ser limitada por su propia imaginación. Los asiáticos lo usan en los cuencos del lavado de manos. De manera que si usted come en un restaurante oriental y le ofrecen un cuenco de agua caliente con una rodaja de kalamondin que flota encima, no piense que es té, lave sus dedos en él.

Todos los limones y las limas, entre ellos el kalamondin, son excelentes acondicionadores para el pelo. Para ello, vierta un litro de agua hirviendo encima de la fruta rebanada finamente. Permita exudar los jugos. Cuando el agua esté fresca, vierta en el pelo como enjuague final.

Los asiáticos hacen crecer los árboles en sus traspatios para tener un suministro continuo; no es mala idea, de modo que si puede contactar con un horticultor especializado y comprarle algunas plantitas, hágalo. Crece como una planta en un recipiente de medianas dimensiones, sobrevive en el campo si le cultiva en áreas subtropicales. Es más resistente al frío, que la mayoría de cítricos.

Empiece usando un chorro de jugo de kalamondin en su té, en lugar de limón. Es delicioso.

El kinoto y otros cítricos asiáticos

En Asia existen otros cítricos pocos conocidos en América, como los kalamansi y los kuncuat (variedades de kinotos o quinotos) y otros tipos de kalamondines, como ya señalé. Los horticultores importan desde Filipinas y Java estas plantas de cítricos, que seguramente llegarán a ser muy apreciados en la gastronomía mundial.

El kuncuat es un arbusto de hoja perenne (del género Fortunella) de la familia de los cítricos, cultivado por su fruto pequeño, de color naranja amarillo, que se come fresco o en confituras. El kuncuat, con sus flores blancas y perfumadas también se cultiva como ornamental.

El kalamansi es subespecie y pariente del kalamondin. Su fruta es redonda, también de 3 cm de diámetro, pero en lugar de tener una piel lisa, tiene "verrugas". La carne es anaranjada y la fruta tiene un olor almizclado distinto. En el sur de Asia Oriental se cocina como guarnición y se emplea para preparar bebidas. Su sabor es más definido cuando madura, pero se le emplea todavía verde, y cuando la fruta es amarilla para guisos regionales.

Como vemos hay muchos otros tipos de cítricos. El género *Citrus* tiene varios cientos de especies, aunque consumimos sólo algunas de ellas. Sin embargo, los criadores están experimentando continuamente en cruzamientos híbridos, por lo que a muchos se les considera ahora como subespecies o subcastas.

¿Qué es un híbrido? El descendiente del cruce entre especies, géneros o, en casos raros, familias distintas. Es decir, así como del asno y la yegua nacen mulos, la mayoría de los cítricos puede hibridar y un gran número de híbridos se ha creado por iniciativa del hombre. Muchos de éstos no son superiores a los originales, pero otros valen la pena. El tangelo es un híbrido de toronja y mandarina. Es uno de los mejores híbridos y se le cultiva comercialmente. Otro es el citrange, un híbrido de la naranja dulce y la naranja trifoliate (*Poncirus trifoliata*), la cual no es un cítrico. Y, entre otros, están el citrangedin y muchos tipos de toronjas cruzadas con pomelos.

El tangelo, por ejemplo, es una cruza entre una toronja y una mandarina. El citrangedin es otro ejemplo de un complejo híbrido cruzando citrange y kalamondin. El citrange se obtiene del cruce entre una planta vigorosa y resistente al frío (la naranja trifoliate) con el sabor deleitable de la naranja dulce. Las frutas del citrange miden de 5 a 8 centímetros de diámetro. Los citrangecuats son el resultado del cruce de citranges con kuncuat. Los limecuats resultan del kuncuat de Marumi y la lima de la India y sus frutas miden aproximadamente 5 centímetros.

Finalmente, el kuncuat (*Citrus Fortunella*) y la naranja trifoliate (*Poncirus*), dan como resultado un híbrido menos importante, que también es incluido bajo el género *Citrus*, pero que no pertenece en verdad al grupo botánico.

En un futuro, las variedades seguirán aumentando. Serán árboles de propósito dual, como el kalamondin, que además de su valor ornamental, da una fruta muy útil.

Sé que si es amante de los nuevos sabores, se estará preguntando ¿dónde puedo conseguir esta fruta? Kinotos, kalamondin, limas orientales, no se venden en la mayoría de las tiendas, pero sí en aquellas donde se expenden comestibles orientales.

La fruta uniq o ugli

El uniq se descubrió en Jamaica y a menudo es comercializado con el nombre de la marca que lo produce: Ugli. Esta fruta es una cruza de toronja y tangerina (pariente de la mandarina), aunque tal vez el pomelo también se haya utilizado, por lo que podría ser un pariente de los tangelos. Su tamaño está entre el de una naranja de ombligo y una toronja gigante.

La piel hinchada y arrugada, de color amarillo verdosa, que se desprende con facilidad de la pulpa, le dan un extraño parecido por fuera, pero por dentro la carne es dulce, sumamente jugosa y sus gajos se separan fácilmente, como en las toronjas. Es especialmente deliciosa si se come con las manos directamente. Un obsequio refrescante. Su sabor ácido hace pensar en una toronja con matices de naranja.

Cultivo

Curiosamente, siendo en su origen un árbol de zona fría (Asia), hoy los cítricos crecen mejor en áreas que tienen clima semitropical. Casi ninguna de las especies de cítricos soporta las heladas y su cultivo se limita a climas cálidos. No obstante, la resistencia al frío puede incrementarse mediante injertos; asimismo, se han desarrollado híbridos y variedades semirrústicas. En la actualidad, muchas de las especies se cultivan en regiones cálidas por sus frutos, y su producción mundial va en aumento.

De todos los cítricos plantados en México, 60% es de naranjas, 19% de toronjas, 12% de limones y 9% de mandarinas. Se hace jugo 60% de todos los cítricos.

La fructificación empieza con lozanas y bonitas flores blancas que cubren al árbol, que tiene un olor fragante, por lo que muchas personas plantan cítricos en sus patios para disfrutar su belleza, el aroma y de paso comer la fruta. Para que las flores se vuelvan fruta, el árbol necesita una cantidad correcta de agua, nutrientes y luz de sol.

El mejor lugar de conservación de un cítrico está en el árbol. Pues con excepción de los limones, los cítricos no se guardan en cuartos cerrados. El que queda en el árbol conserva su frescura y por lo que simplemente se corta antes de comerlo. Por ello, todas las frutas son escogidas a mano por recogedores.

Al seleccionar naranjas u otros cítricos en el supermercado, escoja la fruta que tiene apariencia fresca y es pesada para su tamaño. Recuerde, la apariencia exterior no afecta la calidad interior de la fruta. A veces usted verá manchas pequeñas color café, en ese caso pida al dependiente que le abra una fruta y compruebe la calidad.

En casa

El cultivo de invernadero en casa requiere de ollas grandes o tinas llenas de arcilla calcárea o marga fibrosa, enriquecida con estiércol de vaca un poco seco y unos trozos de carbón de leña aplastados. Un pedazo de carne o de hueso agregado a la tierra es provechoso. De esta manera pueden permanecer durante varios años. Las plantas se benefician con dosis de fertilizante líquido de mayo a septiembre. Durante los meses de verano la tierra nunca debe estar seca. Las hojas deben rociarse frecuentemente con agua clara. La ventilación adecuada es necesaria en tiempo caluroso y se necesita sombra si la luz del sol es muy fuerte. Durante el invierno, se riega la tierra y las hojas sólo deben rociarse a mediodía en los días calurosos. Deben quitarse las puntas de retoño, en marzo. Las frutas necesitan aproximadamente 12 meses para alcanzar su madurez.

Las semillas

Si tiene un terrenito, podrá sembrar diversos cítricos, plantas que luego pueden venderse o utilizar los frutos para consumo familiar.

Las semillas ya libres de la pulpa y jugos se lavan y se secan en un lugar donde no les de el sol en forma directa. Enseguida se guardan durante un tiempo corto mezclándolas con carbón de leña pulverizado dentro de recipientes firmes. Cuando las siembre, hágalo a una pulgada de profundidad, en hileras.

La naranja trifoliate, que no es un cítrico, se planta por el otoño en cuanto la fruta esté madura, los cítricos se siembran en primavera. Durante el verano, deben fertilizarse, regarse y eliminar las cizañas. Normalmente los arbolillos permanecen en el semillero alre-

dedor de año y medio a dos años, pero pueden tras-
plantarse más pronto a hileras con un metro de distancia, entre sí y se fertiliza el suelo nuevamente. Cuando
el diámetro de los tallos alcanza una pulgada, están
listos para ser llevados al mercado o para realizar
injertos. El mejor momento para injertar es el verano.
Hay injertos fáciles, como son los cortes de citrón,
limón o naranja agria que "pegan" fácilmente; otros
como los hechos con naranja dulces, mandarinas y
toronjas son más difíciles al principio.

III.

El poder curativo de los cítricos

LA VITAMINA C

La vitamina C es importante para la producción y el mantenimiento del colágeno, una sustancia que forma la base de todos los tejidos conjuntivos en el cuerpo: los huesos, los dientes, los músculos y los tendones.

Sana heridas y permite la cicatrización, la estructura que remienda las fracturas del hueso y el material de apoyo de sus vasos capilares que previene la formación de moretones y cardenales.

La vitamina C también favorece la absorción de hierro procedente de los alimentos de origen vegetal. El escorbuto es la clásica manifestación de insuficiencia grave de ácido ascórbico. Sus síntomas se deben a la pérdida de la acción cimentadora del colágeno, y entre ellos están las hemorragias, caída de dientes y cambios celulares en los huesos de los niños.

La afirmación de que las dosis masivas de ácido ascórbico previenen resfriados y gripe no ha surgido a partir de experiencias meticulosamente controladas. Sin embargo, en otros experimentos se ha demostrado que el ácido ascórbico previene la formación de nitrosaminas, compuestos que han producido tumores en animales de laboratorio y quizá en seres humanos.

Aunque el ácido ascórbico no utilizado se elimina rápidamente por la orina, las dosis largas y prolongadas pueden derivar en la formación de cálculos en la vejiga y el riñón, interferencia en los efectos de los anticoagulantes, destrucción de la vitamina B12 y pérdida de calcio en los huesos. Esto quiere decir que debemos administrar esta vitamina en una cantidad adecuada pues lo que sí se ha demostrado es que la carencia de una dosis diaria suficiente de vitamina C lleva a contraer resfriados y gripes con mayor frecuencia, sangrado de encías, difícil cicatrización y sequedad en los labios y piel. Los síntomas de falta de esta vitamina son los deseos de comer cosas agrias, como limones, o chupar naranjas.

La fuente de vitamina C se encuentra en los cítricos, fresas frescas, piña, papaya y guayaba. Buenas fuentes vegetales son el brócoli fresco, el jugo de coles de Bruselas, jitomates, espinacas, col, pimientos verdes, repollos y nabos.

Recuerde, la vitamina C ayuda a sanar cortadas y raspones, es un auxiliar para que dientes y encías estén saludables y socorre a nuestros huesos en casos de fracturas. La vitamina C sana las infecciones e interviene en la lucha contra los agentes patógenos y promueve la absorción de hierro. Igualmente, tiene una importancia benéfica en la salud humana, pues reduce el riesgo de enfermedades del corazón y algunos tipos de cáncer. Consumir vitamina C es fácil si comemos cinco frutas o legumbres todos los días. Todas las frutas cítricas son altas en esta vitamina. La lista menciona las frutas y verduras con alto contenido de vitamina C. Esto significa que contienen 20% o más del valor diario de vitamina C que el cuerpo necesita.

FRUTAS

- Carambola 30%
- Ciruela 20%
- Durazno 20%
- Frambuesa 40%
- Fresa 160%
- Grosellero silvestre 60%
- Kiwi 240%
- Lima 35%
- Limón 40%
- Mandarina 50%
- Melón 80%
- Naranja 130%

- Papaya 150%
- Pera de agua 25%
- Piña 25%
- Pomelo 130%
- Sandía 25%
- Toronja 110%
- Uva 25%
- Zarza 50%

LEGUMBRES

- Col verde 70%
- Col roja 70%
- Brócoli 220%
- Calabacitas 30%
- Cebolla 20%
- Coles de Bruselas 120%
- Coliflor 100%
- Coliflor verde 90%
- Chile 170%
- Ejote 20%
- Espinaca 25%
- Okra 20%
- Papa con cáscara 45%

- Pimiento verde 190%
- Rábano 30%
- Tomate 40%

Si usted se pregunta si se pierde la vitamina C cuando corta la fruta o la hace jugo la respuesta es no. La vitamina C está bien protegida en las frutas cítricas frescas. La estabilidad de la vitamina C no se afecta porque la fruta contiene una sustancia que inhibe la oxidación de esta vitamina, por tal razón aguacates, manzanas o plátanos no se ponen castaños cuando usted exprime jugo de limón sobre ellos. Los cítricos, sin embargo, están sujetos a la pérdida de la vitamina C durante la transportación, depósito, venta en exhibidores y en el almacenamiento en casa, así como cuando se cocinan durante la preparación común de alimentos. Se recomienda usar el jugo fresco inmediatamente después del haberlo exprimido, de otra manera, o si usted sólo usa una parte del cítrico cortado, envuelva en plástico y refrigere. Esto ahorra la pérdida de vitaminas y conserva el delicioso sabor.

Un digestivo natural

Si comió mucho y bebió demasiado, consuma cítricos, porque los jugos ácidos de estos frutos ayudarán a la difícil digestión. Si se ha excedido en su dieta, una pequeña ensalada fría o un plato simple de pasta con jugos cítricos es lo que su estómago necesita para sentirse bien.

IV.

Kuncuats y citrones

KUNCUATS

El nombre viene del cantonés y significa "naranja dorada", se cultivan en China, Japón y recientemente en Estados Unidos y el resto de América. Es el pigmeo de los cítricos y se parece a una naranja perfectamente lisa, ovalada y del tamaño de una ciruela pequeña. Es decir, los kuncuats se parecen a naranjas ovales diminutas y en muchas partes de América se les conoce como quinotos. La piel anaranjada es comestible y dulce, mientras que la carne es muy agria.

Usos y preparación

Los kuncuat frescos están disponibles de noviembre a marzo. Para su selección, compre frutas que sean firmes y sin manchas. Si usa la fruta dentro de los próximos días, puede permanecer a temperatura ambiente. Refrigere envuelta en una bolsa de plástico para conservarlas hasta 2 semanas. La fruta muy madura puede rebanarse y servirse cruda en ensaladas o como guarnición. Con kuncuats se prepara el conocido licor de quinotos, se elabora un dulce delicioso. También sirve para preparar encurtidos, confituras o mermeladas. Cómalos enteros o corte por la mitad y combínelos con chocolate o yogur. Agregue en ensaladas de frutas.

Los quinotos están libres de grasa y colesterol. Son bajos en sodio. Contienen potasio y un alto contenido en vitaminas A y C y fibra dietética.

Tocino cocido con kuncuats glaseados

Ingredientes:

✔ 1 taza de kuncuats en conserva o en jarabe (disponible en las tiendas de alimentos y algunos supermercados)

✔ 1 cucharada de jugo de limón

✔ 2 cucharadas de mostaza seca

✔ 1 Kg en trozo de tocino irlandés o canadiense

✔ Kuncuats frescos para la guarnición

✔ Un ramo de perejil para la guarnición

Preparación:

En un procesador de comida haga puré los kuncuat en conserva, junto con el jarabe, el jugo de limón y la mostaza.

En una cacerola poco profunda realice el glaseado del kuncuat encima del tocino. Para ello, cueza el tocino en horno caliente, abra cada 5 minutos y rocíe con la mezcla durante 30 minutos. Esto hará que se forme una capa dura.

Saque el tocino y póngalo en una fuente, déjelo durante 10 minutos antes de rebanar y guarnézcalo con kuncuats frescos y perejil.

Kuncuats, uvas, kiwis y naranjas

Ingredientes:

✔ 1 1/2 tazas de agua

✔ 1/2 taza de azúcar

✔ 1/2 taza de kuncuats rebanados y sin semillas

✔ 1/2 taza de Muscat anaranjado (como Essensia, licor de naranjas, o Cointreau)

✔ 2 cucharadas de jugo de limón fresco

✔ 1/4 de kilo de uvas negras, partidas en dos y sin semillas

✔ 3 kiwis, pelados y partidos en dos a lo largo

Preparación:

En una cacerola haga cocer a fuego lento el agua con azúcar y los kuncuats durante 10 minutos y luego revuelva con el Muscat y el jugo del limón.

Cocine a fuego lento 3 minutos más, sin dejar de mover.

Deje enfriar, meta al refrigerador por lo menos 2 horas y hasta 3 días.

Revuelva con las uvas y los kiwis y sirva con cucharón en plato hondo.

Compota de kuncuats y arándanos agrios

Ingredientes:

✔ 10 kuncuats
✔ 1 bolsa de arándanos agrios congelados (aproximadamente 3 1/2 tazas)
✔ 1 taza de agua
✔ 1 taza de azúcar

Preparación:

Con un cuchillo delgado y afilado corte los kuncuats en rodajas delgadas, quitando las semillas. Ponga encima de los arándanos agrios. En una cacerola ponga el agua con azúcar a hervir y cocine a fuego lento, revolviendo hasta que el azúcar se disuelva (5 minutos).

Agregue los kuncuats y deje a fuego lento 5 minutos. Ponga los kuncuats con una cuchara en un cuenco.

Agregue los arándanos agrios al jarabe y haga cocer a fuego lento 10 minutos. Mezcle y sirva.

Canapés de vieiras de kuncuats, con peras asiáticas y curry de coco

Ingredientes:

✔ 1 cucharadita de polvo de curry
✔ 1 taza de leche de coco sin endulzar, en conserva

✔ 1/4 taza del jugo de lima fresca

✔ 1/2 cucharadita de sal

✔ 1/4 de kilo de vieiras de mar (pueden emplearse almejas)

✔ 2 peras asiáticas

✔ 8 a 10 kuncuats

✔ Cilantro fresco

Preparación:

En una cacerola pequeña revuelva sin dejar de mover, el curry en polvo con la mitad de la leche de coco, hasta disolver.

Revuelva el jugo de lima, la sal y la leche de coco restante y haga cocer a fuego lento por 10 minutos o hasta que espese.

Quite el músculo duro de cada vieira y corte en pedazos de un centímetro. Agregue las vieiras a la mezcla de leche de coco y escalfe.

Haga cocer a fuego lento hasta que ablanden. Saque la cacerola del fuego y mezcle con la leche de coco fresca. Ponga las vieiras en un cuenco.

Corte las peras en rodajas de 1/2 centímetro, quite las semillas del centro. Corte los redondeles en cuñas y póngalas en un cuenco bañadas con jugo de lima. Macere por lo menos 15 minutos.

Antes de servir, se colocan los kuncuats cortados en rodajas delgadas sobre las cuñas de pera en platos.

Cubra cada cuña con 1 rodaja de kuncuat, 1 hoja del cilantro y 1 pedazo de vieira y cubra con el líquido. Rinde aproximadamente 40 canapés.

Chutney de kuncuats

Pruebe este chutney con especias y pavo, también es un buen acompañamiento para carne de cerdo o pato asado.

Es un bello regalo si se empaqueta en un frasco decorativo.

Ingredientes:

- ✔ 12 kuncuats, cortados a lo largo, sin semillas
- ✔ 1 taza de azúcar
- ✔ 3/4 de taza del jugo de una naranja, fresco
- ✔ 1/2 taza de arándanos agrios secos o pasas de Corinto
- ✔ 1/4 taza de chalotes cortados (pueden usarse rabos de cebollín o puerro)
- ✔ 1 1/2 cucharadas de jengibre fresco finamente picado
- ✔ 1/2 cucharadita de anís
- ✔ 1/4 cucharadita de pimienta negra en polvo
- ✔ 1/4 cucharadita de canela en polvo
- ✔ 1/8 de cucharadita de clavos de olor en polvo

Preparación:

Combine todos los ingredientes en una cacerola. Hierva hasta que la piel de los kuncuats esté tierna y la mezcla ligeramente espesa, revolviendo de vez en cuando, aproximadamente durante 10 minutos.

Transfiera el chutney a un frasco. Tape y guarde en el refrigerador.

El chutney puede prepararse hasta 2 semanas antes.

Pollo marroquí con kuncuat y ciruelas

Este estofado, servido encima de arroz blanco, puede funcionarle como plato único. Si usted quiere hacerlo más auténtico, use cuscús. Está disponible en muchos supermercados y tiendas de comida árabe.

Ingredientes:

✔ 2 cucharadas aceite de oliva

✔ 1 pollo, cortado en 8 pedazos

✔ 2 cebollas, cortadas en pedazos

✔ 1 calabaza de 1/2 kilo, tipo squash de mantequilla, en pedazos

✔ 1/2 cucharadita de canela

✔ 1/2 cucharadita de comino

✔ 4 hilos de azafrán

✔ 2 tazas de caldo de pollo

✔ 120 gramos de kuncuats cortados sin semillas

✔ 120 gramos de ciruelas cortadas sin semillas

✔ 2 cucharadas de miel

✔ Arroz cocido o cuscús

✔ Cilantro fresco cortado

Preparación:

Caliente el aceite a fuego alto en una sartén grande. Sazone el pollo, y ponga en la sartén hasta que se dore, aproximadamente 7 minutos por lado. Saque el pollo y póngalo en un plato junto con los kuncuats, las ciruelas deshuesadas y la miel. Vierta el líquido de la sartén en un recipiente, menos una delgada película de grasa. Agregue las cebollas y reduzca el calor. Sofría hasta dorar, aproximadamente 10 minutos. Agregue la calabaza y revuelva 2 minutos. Agregue canela, comino y azafrán y revuelva hasta que comience a desprenderse un olor fragante, aproximadamente 30 segundos. Agregue el caldo de pollo y deje que suelte el hervor.

Añada el pollo y los ingredientes arriba señalados. En la sartén tapada cueza a fuego lento, aproximadamente 30 minutos. Destape y hierva hasta que el líquido espese. Sazone con sal y pimienta.

Sirva con arroz o cuscús en platos hondos, y aderece con cilantro.

Carne de cerdo picante y fritura de kuncuat

Éste puede ser un plato principal o una entrada. Se le acompaña con arroz cocido al vapor y una cebollas verdes finamente cortadas.

Ingredientes:

✔ 1 kilo de lomo de cerdo sin huesos cortado en tiras

✔ 2 cucharadas de salsa de hoisin

✔ 1 cucharada de salsa de ostra

✔ 1 cucharada de maicena

✔ 1 cucharada del polvo cinco especias chino

✔ 150 gramos de kuncuats partidos y sin semillas

✔ 1 cucharada de azúcar

✔ 1 1/2 cucharadas de aceite de sésamo

✔ 2 cucharadas de jengibre fresco pelado y picado

✔ 1/2 taza de caldo de pollo en conserva

✔ 1 cucharada de vinagre de arroz

Preparación:

Mezcle el lomo, la salsa hoisin, la salsa de ostra, la maicena y el polvo chino en un cuenco.

En otro cuenco combine los kuncuats y el azúcar.

Caliente el aceite en una sartén grande a fuego alto.

Agregue el jengibre y revuelva 1 minuto. Agregue la mezcla de la carne de cerdo y fría hasta que se cocine, aproximadamente 3 minutos.

Agregue la mezcla del kuncuats, el caldo y el vinagre y revuelva hasta que la salsa suelte el hervor, aproximadamente 1 minuto. Sazone con sal y pimienta.

Las cidras, cidros o citrones

Quienes hayan comido cidras o citrones, sabrán de inmediato a lo que me refiero; no, desde luego, al preparado de manzanas fermentadas que se bebe en España y para la Navidad, que lleva el nombre de sidra, con "s". Sino al fruto de un arbusto de hoja perenne de la familia de las Rutáceas, nativo del norte de la India, que se cultiva en nuestros días en todas las regiones templadas. Se cultiva por el fruto, que también se llama cidro o citrón, tanto en el sur de Europa como en otras regiones cálidas.

Este cítrico semitropical parece un limón amarillo verde, grande y aterronado en su piel. Las cidras miden entre 18 y 25 cm de longitud y son de forma oval, de color amarillo, aromáticas, toscas y asurcadas en su cáscara. La pulpa ácida se usa para elaborar bebidas, pero la parte más apreciada es la cáscara, gruesa y carnosa, que se consume en forma de mermeladas y confituras. De ella se extrae también una esencia fragante (esencia de cidra o de cidrato, también llamada acite de citrón) utilizada en perfumería.

La pulpa de citrón es muy agria y no es conveniente comerla en crudo, por lo que suele prepararse en infusión o como mermelada. Cuando la cáscara de esta fruta es muy gruesa se le confita y usa cocida. Antes de endulzar, la cáscara se procesa en salmuera y se exprime para extraer los aceites de citrón. Estos aceites se emplean para dar sabor cítrico a ciertos licores y aroma a los cosméticos.

Pueden comprarse citrones confitados o frescos en mercados especializados en frutas. En los supermercados suelen ser bañados con preservativos, necesarios para su larga vida en el estante, pero que hacen menos saludable a esta cáscara.

Cualquiera que sea el caso, deben guardarse los frutos frescos en la parte baja del refrigerador, para conservar la frescura al máximo. Pero debemos consumirlos lo antes posible, así que si usted elige al citrón como su cítrico predilecto, lo mejor será que plante uno de estos arbolitos en el jardín de su casa o en un macetero de interior, pues la vitamina C se pierde con el paso del tiempo.

Las mitades del citrón confitadas a veces están disponibles en tiendas especializadas, pero se encontrará con frecuencia cortado en tiras. Este dulce le aportará energía, pero presenta pocas propiedades tanto alimenticias como terapéuticas, pues el poder curativo de esta planta se halla en la fruta fresca, en sus jugos amargos y en la infusión de sus hojas.

La palabra francesa "citrón" se usa para "limón". Mientras que las limas son llamadas "citrón vert" o limones verdes.

La especie que vamos a estudiar recibe el nombre científico de *Citrus medica*.

Poulet aux citrons confits et olives
(pollo con citrones confitados y aceitunas)

Esta receta puede prepararse con limón, sustituyendo el jugo de citrón por jugo de limones y el citrón en conserva o confitado, por limones confitados.

Ingredientes:

✔ 1 1/2 tazas de cebolla finamente cortada

✔ 5 clavos de olor

✔ 5 dientes de ajo picados

✔ 1 cucharada de jengibre fresco, pelado y desmenuzado

✔ Una raja de canela

✔ 3 cucharadas de cilantro fresco picado

✔ 3 cucharadas de perejil fresco

✔ El jugo de un citrón fresco

✔ Hilos de azafrán

✔ 1/2 taza de aceite de oliva

✔ Un pollo

✔ 1/4 taza de aceitunas negras curadas en salmuera,
sin hueso y cortadas

✔ 1 citrón confitado (pequeño), cortado fino

✔ Arroz blanco como acompañamiento

Preparación:

En una olla grande ponga a macerar el pollo con la
cebolla, el ajo, el jengibre, la raja de canela, el cilantro,
el perejil, el jugo del limón, el azafrán, el aceite y una
taza de agua. Sazone con sal y pimienta.

Cueza el pollo, tápelo y ponga en horno caliente
durante 45 minutos, dorando hasta tostar la piel. Déjelo
enfriar en una tabla durante 5 minutos. Corte el pollo
en cuartos.

A la mezcla de la cebolla se le agregan las aceitunas
y el citrón, y deje que la salsa suelte un hervor. Cueza
a fuego lento, durante 3 a 5 minutos, o hasta que espese.

Devuelva el pollo a la olla y deje cocer la mezcla a fuego lento durante 2 a 3 minutos, o hasta que el pollo simplemente haya terminado de calentarse.

Deseche la raja de canela y los clavos. Y sirva el arroz, rociando con cilantro adicional.

V.

Mi árbol de naranja lima

LIMAS

El árbol de limas o limero, erróneamente llamado bergamoto o árbol de naranja lima, es un árbol que produce el fruto llamado lima. Las limas crecen en climas tropicales y subtropicales como México, California, Florida y el Caribe. Las dos variedades principales son la lima del Pérsico y la lima mexicana.

El limero del Pérsico tiene un fruto redondo, de color amarillo, con un aspecto similar a una naranja pequeña, pero cuyo aroma lo hace característico. La lima mexicana es una fruta con forma de limón, piel verde delgada y pulpa jugosa.

Otra especie es el *Citrus limetta*, crece en Italia, rinde un aceite que parece aceite de bergamota, llamado aceite de *Limette* italiano. En otros limeros el fruto es pequeño, de forma entre oval y esférico, con corteza delgada, de color amarillo verdoso, pulpa carnosa, ácida, jugosa, de color entre amarillo y verde.

El limero es un árbol pequeño, corvo y espinoso. En raras ocasiones llega a 5 m de altura, y forma un tronco retorcido de crecimiento irregular. Las flores blancas, son similares a las del naranjo. Las hojas son de forma oval y el tallo no es alado, como el de la naranja o el limonero. Las flores son pequeñas y blancas, dependiendo de la variedad, del tamaño de un limón pero, con una piel más lisa, más delgada, con un tinte verdoso amarillo o completamente amarillas y con el aspecto de una naranjita.

Las limas son muy apreciadas por los orientales, quienes las emplean en miles de sus platillos.

El limero es nativo del sudeste asiático, y se cultiva sobre todo en regiones tropicales. El hábitat natural de las limas es el oeste de la India, sobre todo en Montserrat.

En Jamaica se plantan a menudo cercos de limeros. En Londres se cultivan muchas variedades, la principal es la china, pero gusta la procedente de la India, la lima común y el limero de hojas anchas que parece estar llorando.

El jugo contiene pequeñas cantidades de vitamina C, pero fue el remedio utilizado para prevenir el escorbuto mucho antes de que se acuñase el término vitamina y, por tanto, de que se supiese que el limón contiene dicha sustancia en mayor cantidad. A los marineros británicos, que recibían una ración diaria de jugo de lima, se les llamaba por ello *limeys*.

En las regiones productoras de limones se han obtenido numerosos híbridos de calidad entre limero y limonero. El limero se cultiva sobre todo para extraer el jugo del fruto.

Como vimos, los cítricos tienen la ventaja de cruzarse entre sí y producir variedades al gusto de los humanos. Uno de los híbridos de limero y limonero es *Citrus limon aurantifolia*. Más jugosa y resistente al frío, la producción de estas lima limones dura el año entero.

Para realizar la selección en el supermercado busque las limas que estén brillantemente coloreadas, de piel lisa, pesadas para su tamaño. Evite las limas con piel arrugada y las que presenten manchas en la superficie.

El almacenamiento de las limas se realiza en bolsas de plástico y duran hasta 10 días. Una vez cortadas pueden almacenarse de la misma manera hasta 5 días.

Usos y preparación

Las limas tienen un sabor similar a los limones, pero son más fragantes y menos ácidas. Son importantes por su jugo. Dependiendo del tipo y tamaño, tomará entre 6 y 9 para hacer 1 taza de jugo.

Pruebe a sustituir el habitual jugo de limón por jugo de limas en sus bebidas favoritas, descubrirá un nuevo y delicioso sabor. Agregue jugo de limas a los aderezos, adobos, mariscos y salsas de barbacoa. Haga pastel de limas. Prepare limada. Sazone verduras. Salpique jugo en los cortes de las manzanas, plátanos y verduras blancas para prevenir que se decoloren.

Datos nutrimentales sobre las limas

Tamaño: 1 lima cruda (109 g)

Grasa total 0.5g	0%	Carbohidratos totales 15 g	5%
Grasa Saturada 0 g	0%	Fibra dietética 3 g	12%
Colesterol 0 mg	0%	Azúcares 12 g	
Sodio 0 mg	0%	Proteína 1 g	
Calorías 50		**Calorías de Grasa Cal. 0**	

Vitamina A 0%	Calcio 4%	Vitamina C 50%	Hierro 0%	Potasio 5%

Los porcentajes están basados en un régimen de 2000 calorías diarias.

El jugo de lima está libre de grasa, sodio y colesterol. Es muy bajo en calorías. Es buena fuente de fibra. Y alto en vitamina C. Se usa principalmente para extraer ácido cítrico con propósitos medicinales.

Se usa aceite de lima para sazonar, sobre todo agua mineral y jugos artificiales, consistiendo en soluciones endulzadas de ácido tartárico.

La piel contiene un aceite volátil llamado citral.

La acción medicinal más importante es la antiescorbútica, pero es usada en dispepsias, es decir, en malestares estomacales, porque contiene junto con la glicerina, la enzima llamada pepsina, que ayuda en la digestión. La dosificación es de 2 cucharadas de jugo de limas.

Endulzado, el jugo de lima helado o limada, es un producto popular y delicioso.

Seviche (también se deletrea ceviche y cebiche)

Un aperitivo popular en América Latina que consiste en pescado de mar crudo, marinado con jugo de cítricos, normalmente de limas ácidas.

La acción del ácido del jugo de lima "cocina" la carne, por eso debe ser firme y se volverá opaca al estar lista. Se agregan a menudo cebolla, jitomate y chile al adobo.

Debe usarse pescado sólo muy fresco para este plato.

Hágalo con pámpanos en filete, cazón o similares.

Pastel de lima

Ingredientes:

✔ 1 pan dulce cocido al que se ha sacado el relleno (costra) de 25 centímetros de diámetro

✔ 4 yemas de huevo

✔ Leche condensada y endulzada (una lata)

✔ 1/4 de litro de concentrado de jugo de limas

Preparación:

Caliente el horno. En un cuenco grande, bata las yemas de huevo con la leche condensada endulzada y el extracto de limas.

Ponga la mezcla en la costra de pan dulce; meta al horno por 40 minutos. Deje enfriar y luego congele.

Cubra con crema batida. Guarnezca con rodajas de lima fresca.

Pastel de lima con corteza de miga de almendra

Para la corteza y el relleno:

- ✔ 1 taza de migas de galleta *graham*
- ✔ 2/3 de taza de almendra blanca, ligeramente tostadas, sin piel y molidas finamente con un procesador de comida
- ✔ 1/2 barra de mantequilla sin sal, derretida
- ✔ 1/4 de taza de azúcar
- ✔ 3 huevos grandes, separando las yemas a temperatura ambiente
- ✔ Una lata de leche condensada azucarada
- ✔ 1/2 taza del jugo de lima dulce embotellada o el jugo de 3 limas frescas
- ✔ 1/3 de taza de azúcar

Haga la corteza y rellene:

Mezcle las migas, las almendras, la manteca y el azúcar en un cuenco, presione la mezcla hacia el fondo y forme la base del pastel de 25 centímetros de diámetro. Hornée durante 10 minutos o hasta que se dore ligeramente. Permita que se enfríe.

En un cuenco grande mezcle las yemas con la leche condensada y el jugo de lima. Vacíe en la pasta y enfríe el pastel durante una hora.

En un cuenco bata las claras de huevo con un poco de sal hasta punto de turrón (que se formen crestas) y agregue el azúcar para formar el merengue. Extiéndalo encima del relleno y hornée durante 15 minutos o hasta que el merengue esté dorado.

Enfríe durante 2 horas.

Pastel de aguacate con jugo de lima

Ingredientes:

- ✔ 1 aguacate
- ✔ 1/2 taza de jugo de lima fresco
- ✔ 1 taza de azúcar
- ✔ 1 paquete de gelatina sin sabor
- ✔ 1/4 de cucharadita de sal
- ✔ 3 huevos
- ✔ 1/2 taza de leche
- ✔ 1 cuchara de cáscara de lima rallada fina

✔ 1 pasta para pastel cocida

✔ Crema batida endulzada

Preparación:

Haga puré el aguacate y mezcle con el jugo de la lima. Ponga en una olla 1/2 taza de azúcar, la gelatina y la sal. Bata las yemas de huevo ligeramente con la leche. Vierta la gelatina en el agua hasta que se disuelva, aproximadamente 5 minutos.

Saque del fuego; mezcle con la cáscara de lima y agregue el puré del aguacate.

Enfríe hasta que la mezcla se una ligeramente cuando la deja caer de una cuchara.

Bata las claras de huevo y gradualmente añada la 1/2 taza de azúcar restante.

Ponga la mezcla de aguacate dentro de la pasta para pastel. Enfríe hasta la que la gelatina cuaje.

VI.

Agrio como limón

EL LIMÓN

La fruta del limonero es quizá la más conocida en el mundo entero. El nombre botánico del limonero es la especie *Citrus limon* o *Citrus limonun*, de la familia *Rutaceae*.

El limonero es un pequeño árbol espinoso, que produce un fruto llamado limón. El árbol es a menudo un simple arbusto. Tiene hojas grandes, coriáceas, con una espina que suele brotar junto a la base, de bordes finamente festoneados y con numerosos puntos claros, vistas las hojas a contraluz. Los pétalos suelen tomar, como en el cidro, un ligero tinte rosado en la parte externa, y blancos en su interior.

El limonero se cultiva en todas las regiones tropicales y subtropicales del mundo, sobre todo en Italia, España, Portugal y Estados Unidos. Los limones crecen mejor en clima apacible, como en los alrededores del mar Mediterráneo y en América subtropical.

Es posible que el limonero cultivado sea un híbrido de dos especies silvestres, la lima y el citrón.

71

Aproximadamente 95% de los limones frescos producidos en Estados Unidos ha crecido en California y Arizona. Los limones frescos de estas regiones están disponibles el año entero, así como muchas variedades llamadas "limón agrio", "limón mexicano", "limón sin semilla" y "limón dulce", que son cultivadas en México.

Los limones son menores en tamaño que las cidras, de figura elipsoidal, un poco alargada y con un mamelón en su extremo, de corteza menos gruesa y no tan rugosa, de color amarillo azufre. La parte carnosa y jugosa está dividida en gajos, y es muy ácida.

Las frutas más finas llegan a los mercados envueltas por separado en papel, como es el caso de los limones de Messina y los de Murcia. Aunque también los de Nápoles y Málaga son de gran calidad. Las frutas inferiores en calidad se conservan en agua de sal dentro de barriles. Pueden guardarse frescos durante meses si se les zambulló en parafina fundida o laca disuelta en alcohol.

Existen cuarenta y siete variedades de limón que se han desarrollado durante siglos de cultivo. Entre las más importantes se encuentran: El limón *Imperial*, fruta grande que crece en arbustos vigorosos. El limón *Lisboa*, limón mediano, casi sin semillas. El arbusto es denso y muy productivo. El limón de *Meyer*, variedad prolífica que produce una fruta jugosa mediana, de buen sazón y fragancia deliciosa. Limón de la *Ponderosa*, limón que naturalmente hibrida con el citrón produciendo limones del tamaño de una toronja. *Qua-*

tre Saisons. Everbearing. Lunario. Eureka. Un limón popular es el del *Mediterráneo* con cosechas grandes.

Hay dos variedades de limones gigantes, el tipo *Eureka* y la variedad *Lisboa.* El limón *Meyer* ha recibido reciente atención porque es ligeramente menos agrio.

El limonero alcanza entre 3 y 6 m de altura y está cubierto de follaje. La flor tiene cinco sépalos, cinco pétalos, numerosos estambres y un solo pistilo. Los pétalos son blancos por el haz y rosados por el envés. La flor exhala un aroma agradable parecido al de la flor del naranjo, pero menos acusado.

Casi todas las variedades cultivadas de limonero son híbridas y apenas producen semillas fieles al tipo. Por tanto, en la horticultura comercial el limonero se multiplica injertando yemas de esta especie en patrones de alguna otra próxima, como el naranjo, el pomelo o el toronjo.

Los árboles se plantan en suelo muy fértil, que se abona continuamente. Las plantas se colocan a una distancia entre 5 y 8 m, según la variedad, el clima y la topografía. Salvo que las temperaturas extremas retrasen la floración, se producen frutos durante todo el año.

Los limones se recolectan verdes, casi a punto de madurar, entre seis y diez veces al año, y se dejan madurar a una temperatura moderadamente cálida. Un árbol adulto puede rendir entre 1 000 y 2 000 frutos al año.

El poder curativo del limón

A lo largo de los siglos, se han usado limones para una multitud de propósitos no culinarios, entre ellos, como remedio para la epilepsia, pasta dentrífica, tinta invisible, blanqueador, así como en brujería.

Es un excelente antiescorbútico, empleado ya, de manera empírica, desde hace muchos años, cuando se desconocía la existencia de las vitaminas.

Un limón contiene 35% de la vitamina C que su cuerpo necesita todos los días. Hay una pérdida del 20 por ciento de la vitamina C sólo 8 horas después de haber exprimido limones a temperatura ambiente y en 24 horas en el refrigerador; por lo que debe comer un limón (o un cítrico) en cada comida, pues dicha vitamina tiene corta vida, su duración no llega sino a seis horas, por lo que consumir esta vitamina regularmente nos mantendrá sanos.

Es refrescante y diurético y, con su jugo, azúcar y agua, se preparan deliciosas limonadas. Éstas pueden beberse sin contraindicaciones en caso de fiebres altas y sostenidas, cuando el paciente necesita injerir una ración de agua con objeto de reponer la perdida. Asimismo, la nieve de limón además de ser deliciosa, refrescante e hidratante, ayuda a la cicatrización. El jugo de limón debe tomarse siempre diluido en agua, evítese comer limones al natural, porque, aunque hay quien se goza con ello, acarrea funestas consecuencias a la dentadura.

gría, tan apetecida bien fría en verano. En algunas disenterías de tipo epidémico, esta limonada vinosa ha dado apreciables resultados.

En casos de indigestión y pesadez gástrica, se ha recomendado exprimir el jugo de un limón y tomarlo diluido en 2 dedos de agua; e inmediatamente después, beberse otros 2 dedos de agua en que se ha disuelto media cucharadita de bicarbonato de sodio.

Contra la gota, se aconseja la cura de limón, que dura dos novenarios; durante el primero, comenzando por el zumo de un limón, que se toma el primer día, diluido en un poco de agua, y se aumenta a 2 limones el segundo, a 3 el tercero, y así sucesivamente hasta llegar a 9; el último día, se ofrece al paciente el jugo de 45 limones; el segundo novenario comienza el día 10, con el jugo de 9 limones, y sigue con 8 el día 11, y así descendiendo hasta llegar a 1 limón el día 18. Si el paciente no siente el alivio deseado, puede descansar otro novenario y empezar después otra cura. Esta cura de limones, acompañada de días de ayuno es, desde luego, una forma eficaz de desintoxicarse.

En los casos de inflamación de la garganta, se recomiendan los toques de las partes irritadas con una bolita de algodón empapada en el jugo de este fruto y las gárgaras del mismo jugo diluido en agua.

El jarabe de limón casero se emplea para aromatizar bebidas medicinales, se prepara con agua, azúcar y tintura de limón; ésta se obtiene al hervir y destilar cáscaras de limón. Hay quien añade unas gotas de esta tintura, a gusto de cada uno, a las limonadas simples y a las vinosas.

El limón tiene innumerables adeptos, y para muchos constituye una panacea con la cual creen poder sanar infinitas dolencias.

Una de las acciones medicinales del jugo de limón es que funciona como diurético si se le toma en tragos. Se recomienda favorablemente en reuma agudo, y a veces se da para neutralizar venenos narcóticos, sobre todo el opio. Para la reuma, se toman diariamente de 4 a 6 onzas de jugo fresco.

Localmente, es un buen astringente, por lo que se le emplea para hacer gárgaras cuando la garganta duele, si se mezcla con miel.

Cuando hay comezón en el escroto (pruritis del escroto), el jugo de limón la alivia. Se emplea también para detener la hemorragia uterina después del parto. Y como una loción que alivia las quemaduras de sol. Se dice que es la mejor cura para el hipo severo, obstinado, y es útil en la ictericia y la palpitación histérica del corazón.

La cocción de limones es útil como suplente para la quinina en el mal de la malaria, ya que reduce la temperatura; lo mismo sucede cuando hay tifoidea.

Hay quienes afirman: "Es probable que el limón sea el más valioso de todas las frutas para conservar la buena salud". No creo que se trate del mejor de los remedios, sino de uno más. Dar noticia de las virtudes que han merecido aprobación general y satisfactorio dictamen de los entendidos, no significa sumarse completamente a su opinión. Sin embargo, no cabe la menor duda de que el jugo de limones, tomado día a día, nos ayudará a tener una mejor salud y a vivir más.

Usos y preparación

Para realizar una selección, los limones deben sentirse firmes, duros o fuertes para su tamaño. Cuando compre limones, evite las frutas con machucones, desteñidas y aquellas cuyas cáscaras estén arrugadas. Esto indica que los limones son viejos o se han guardado incorrectamente. Si se piensa almacenarlos en casa, recuerde que lo mejor es refrigerarlos dentro de una bolsa de plástico, un máximo de 2 semanas.

Datos nutrimentales sobre el limón

Tamaño: 1 limón crudo (58 g)

Grasa total 0 g	0%	Carbohidratos totales 5 g	2%
Grasas Saturadas 0 g	0%	Fibra dietética 1 g	4%
Colesterol 0 mg	0%	Azúcares 1g	
Sodio 5 mg	0%	Proteína 1g	

Calorías 15		Calorías de Grasa 0	

Vitamina A 0%	Calcio 2%	Vitamina C 40%	Hierro 0%	Potasio 3%

Los porcentajes están basados en un régimen de 2000 calorías diarias.

Este fruto es apreciado porque es muy alto su contenido de vitamina C, y en los países donde no se encuentran guayabas ni papayas, que son los frutos con más contenido de dicha vitamina, los limones son el preventivo contra el escorbuto.

Se emplean las hojas y las flores del limón para elaborar tés medicinales. La cáscara del limón confitada puede ser preparada hirviendo la cáscara en jarabe y exponiéndola al aire hasta que el azúcar se cristaliza. Pero el jugo debe tomarse fresco para propósitos farmacéuticos; la cantidad de ácido cítrico es más grande en diciembre y enero y menor en agosto.

En la corteza del fruto abunda la esencia de limón; aproximadamente se pueden sacar 3 gramos de esencia por cada kilogramo de limones, la cual se compone de más de 90% del limonero, con felandreno, citral, citronelal y otras sustancias en menor proporción. La corteza del limón contiene una esencia usada en perfumería y empleada en toda la industria para elaborar aromas de limón. La capa blanca esponjosa y casi insípida situada bajo la corteza es el mesocarpo. La pulpa, que contiene el endocarpo, está formada por ocho a diez segmentos o gajos que encierran pequeñas semillas de color blanco amarillento.

En Sicilia, la pulpa restante después de la producción del aceite volátil se usa como comida para ganado. El aceite, *Oleum limonis*, es más fragante y valioso si es obtenido por presión que por destilación. Normalmente se prepara en Sicilia y Calabria. Es preparado frotando limones frescos con un tosco rallador de estaño y destilando la ralladura de la cáscara con agua. El método de presión en Sicilia es el de apretar rodajas grandes de cáscara contra esponjas en la mano; las esponjas empapadas se exprimen retorciéndolas en un cuenco en el que el aceite se separa del líquido acuoso.

La cáscara se encurte después en salmuera y se vende a los fabricantes de dulces. Mil limones rinden entre 1 y 2 libras de aceite. La fruta inmadura rinde menos y la calidad del aceite es inferior. Como la cáscara del limón rinde sus virtudes al alcohol o al vino, pueden emplearse estos para preparados caseros.

El jugo de limón contiene de 6.7 a 8.6% de ácido cítrico. Se le describe oficialmente como "un licor amarillento ligeramente turbio, poseyendo un sabor afilado, ácido y efluvio agradecido". También contiene azúcar, gomas y potasio. Este ácido se emplea para fines medicinales.

Un jugo del limón artificial ha sido hecho disolviendo ácido tartárico en agua, agregando ácido sulfúrico y sazonando con aceite de limón. Es terapéuticamente inútil, aunque se le emplea como sustituto en algunas bebidas en polvo.

En el jugo de la pulpa de limón se encuentran cantidades de ácido cítrico que varían entre 5 y 10 %; en el mes de noviembre los limones alcanzan el máximo de acidez, que va disminuyendo paulatinamente a fines de invierno y en primavera. En parte, este ácido se halla combinado en forma de éster etílico. Además, el mismo jugo contiene menores cantidades de otros ácidos, tales como el málico, el acético y el fórmico; el glucósido hesperidina y notables cantidades de vitaminas, sobre todo de la vitamina C.

Los productos derivados del limón incluyen ácido cítrico, jugos, pectinas, esencias y condimentos. El jugo de limón se usa mucho como refresco, como ingrediente de otras bebidas, para aderezar ensaladas y platos de pescado y como aromatizante. Con el jugo se preparan bebidas de fruta. La pulpa se usa para obtener el ácido cítrico que se emplea para elaborar concentrado de limón, empleado en medicina naturista por su elevado contenido en vitamina C.

La carne de los limones generalmente no se come debido al sabor agrio. Pero ¡no tire ni desperdicie la cáscara del limón! La cáscara del limón rallada y fresca agrega placer aromático a todo tipo de cocidos, frutas picadas, compotas, postres y salsas sabrosas. Se emplea como aromatizante natural y como cortador de grasa cuando se agrega al agua jabonosa con la que se lavan los platos.

La ralladura de la cáscara se usa para sazonar una multitud de platos que va desde las verduras frescas a las carnes asadas a la parrilla, a las que además se añade jugo de limón.

Uno de los grandes secretos del limón es que es un gran suplente del sodio, es decir, puede emplearse el jugo para sazonar, en lugar de sal de mesa.

A menudo me preguntan: ¿por qué se obtiene más jugo de un limón si se calienta en un horno de microondas antes de exprimir? En realidad no conseguirá más jugo, lo que ocurre es que simplemente al calentar el limón deja extraer su jugo más fácilmente. Dependiendo del microondas, calentar un limón de 20 a 40 segundos, ablandará el limón. Haga la prueba a baja temperatura y cronometrando primero. Un par de apretones con la palma de su mano apresurará el ablandamiento antes de exprimir.

Los cubos de hielos a los que antes de congelar se adiciona una de cáscara del limón, agregan sabor a las bebidas de dieta y al agua mineral con gas.

Muchos restaurantes ofrecen agua caliente con una rodaja o dos de limón fresco y acompañan la fuente con una toalla. Esta costumbre es oriental y se realiza no tanto por higiene, sino para refrescarse. El agua gusta más y se vuelve un hábito agradable cuando se le agrega limón o citrón. Esto también es fácil de hacer en casa.

El jugo de 6 a 8 limones rinde en promedio 1 taza.

Limones en conserva

Ingredientes:

✔ 5 litros de agua
✔ De 7 a 10 limones no demasiado maduros
✔ 1 cucharadita de sal
✔ 2 rajas de canela

✔ 2 cucharadas de semillas de cilantro

✔ 2 cucharadas de granos de pimienta negra enteros

✔ 8 clavos de olor enteros

✔ 1 cucharada de aceite

Preparación:

Hierva el agua en una cacerola no reactiva, a fuego alto y agregue los limones. Cuando el agua vuelve a hervir, cocine los limones durante 3 o 4 minutos. Cuele y sumerja los limones en agua fría hasta que estén frescos como para manipularlos.

Mientras los limones se enfrían, prepare la salmuera. En una olla ponga el agua y la sal, la canela, las semillas de cilantro, los granos de pimienta y los clavos de olor. Deje que esta mezcla suelte un hervor a fuego alto y entonces quite del calor.

Ponga los limones enteros dentro de frascos esterilizados con tapas que cierren herméticamente. Si lo desea, puede partirlos en dos o cortarlos en cuarterones.

Vierta con un cucharón la salmuera caliente, incluso las especias, y llene los frascos hasta un centímetro de los márgenes. Agregue el aceite y cubra con las tapas. Guarde en un lugar fresco y oscuro durante 2 meses antes de usar, para permitir a los limones absorver los sabores de la salmuera. Durante el encurtido, los limones absorben la sal de la salmuera y se aromatizan débilmente con las especias. Los limones se mantendrán por 6 meses en los frascos cerrados, pero una vez abierto, guarde en el refrigerador.

Los limones en conserva son un ingrediente importante en sopas y estofados orientales a los cuales dan
un sabor salado. Córtelos en pedazos pequeños y agré-
guelos a ensaladas. O sirva como aperitivo junto con
aceitunas y nueces saladas.

Limonada casera

Ingredientes:

✔ Agua

✔ 8 limones

✔ 1 taza de azúcar

✔ Cubos de hielos

Preparación:

Saque los limones del refrigerador y métalos en el
microondas por 30 segundos. Rebane por la mitad y
exprima. Eche las cáscaras de limón dentro del recipiente.

Agregue el azúcar y revuelva; permita que se asiente
durante media hora.

Agregue los cubos de hielos y suficiente agua para
llenar el recipiente.

Revuelva y sirva.

Camarones al limón y otros cítricos

Ingredientes:

✔ 3 limones

✔ 1 naranja

✔ 1 toronja

✔ 3 limas

✔ 5 cucharadas de aceite de oliva

✔ 3 cucharadas de miel de abeja

✔ 2 cucharadas de alcaparras picadas

✔ 1 cucharadita de curry picante

✔ 1 cucharadita de salsa Tabasco

✔ Sal y pimienta al gusto

✔ 1 cebolla morada (macérela en limón y póngala en achiote la noche entera)

✔ 1/2 kilo de camarones hervidos y pelados

Preparación:

En una ensaladera de vidrio, mezcle el aceite, el jugo de limas y limones, la miel, las alcaparras y las especias.

Agregue los camarones.

Pele la toronja y la naranja y tras convertirlas en pulpa, mezcle con la cebolla encurtida.

Deje ambas mezclas 24 horas en el refrigerador, a frío moderado, revuelva de vez en cuando.

Reúna ambos preparados y forme una marinada increíble.

Sirva sobre hojas de lechuga y decore con cuñas de aguacate, acompañe con gajos de naranja y rábanos cortados.

Filete de cazón al limón

Ingredientes:

✔ El jugo de 2 limones recién exprimidos
✔ 1 cebolla
✔ 1 diente de ajo
✔ 2 chiles verdes asados y picados
✔ 2 naranjas
✔ 2 cucharadas de cilantro
✔ 4 filetes de cazón
✔ Aceite de oliva para freír

Preparación:

Se elabora una salsa de la siguiente manera: se pelan las naranjas, se les quitan los tegumentos y las semillas y se muele con el jugo de limón, la cebolla, el ajo, los chiles y el cilantro en la licuadora.

Con esta pasta se cubren los filetes de cazón por ambos lados y se asan a la parrilla, añadiendo aceite con anterioridad para que no se peguen.

Se sirven acompañándolos de más salsa, sin cocinar.

Pastel de limón

Ingredientes:

✔ 1 corteza de pan
✔ 1 1/4 de tazas de azúcar
✔ 2 cucharadas de harina

✔ 1/8 de cucharadita de sal

✔ 1/4 de taza de margarina

✔ 3 huevos

✔ 1 cucharadita de cáscara de limón rallada

✔ 1 limón entero

✔ 1/2 taza de agua

Preparación:

Combine el azúcar, la harina y la sal. Corte la margarina en pedazos pequeños, entibie y mezcle completamente.

Separe la yema de los huevos y reserve la clara para la pasta, bata bien y agregue a la mezcla anterior. Corte el limón en rodajas delgadas (aproximadamente 1/3 de taza).

Añada a la mezcla el agua, la cáscara de limón y las rodajas de limón. Mezcle.

Rellene con la mezcla la corteza. Cubra con la tapa; cepille con las claras de huevo y rocíe con azúcar y canela.

Cueza de 30 a 35 minutos.

Pastel de limón con corteza de merengue

Ingredientes:

Para el merengue:

✔ 4 claras de huevo

✔ 1 taza de azúcar

✔ 1 cucharadita de jugo de limón

Para el relleno:

✔ 4 yemas de huevo

✔ 1/2 taza de azúcar

✔ 1 limón grande entero, la cáscara rallada y el jugo

✔ 2 tazas de crema batida

✔ 1 cucharada de azúcar glass

Preparación:

Bata las claras a punto de turrón, gradualmente agregue una taza de azúcar. Mezcle con una cucharadita de jugo de limón.

Engrase un molde de pastel generosamente.

Ponga el merengue en la cacerola y con la cuchara forme la base del pastel. Cueza 2 horas. Deje enfriar.

Para hacer el relleno, bata las yemas de huevo con 1/2 taza de azúcar, la cáscara de limón y el jugo exprimido del mismo limón. Cocine, revolviendo, en baño maría o encima de una olla doble sobre agua hirviendo, hasta espesar. Saque del fuego y deje enfriar.

Bata la crema. Rellene la corteza de merengue con el relleno y cubra con la crema; refrigere 2 horas por lo menos.

Ponga el azúcar glass sobre la crema batida y sirva.

Pastel espumoso de limón

Ingredientes:

✔ 1 corteza de pan dulce

✔ 6 yemas y 6 claras de huevo

✔ 1/2 taza de azúcar

✔ 1 cucharadita de cáscara de limón rallada

✔ 1/3 de taza de jugo de limón

✔ 1/8 de cucharadita de sal

✔ 3 tazas más de azúcar

Preparación:

Bata las yemas de huevo y 1/2 taza de azúcar con la batidora, hasta que quede muy espesa y pálido amarillo. Gradualmente añada la cáscara del limón, el jugo y la sal.

Vierta la mezcla en una olla y ponga a baño maría. Cocine, revolviendo constantemente, hasta que casi cuaje, aproximadamente 8 minutos.

Ponga a enfriar.

Bata las claras a punto de turrón; gradualmente agregue 3 tazas de azúcar, hasta glasear. Una las claras batidas con el flan ligeramente frío.

Vierta la mezcla en la corteza del pan dulce. Hornée durante 15 a 20 minutos o hasta que se dore.

Deje enfriar antes de servir.

VII.

La naranja del mandarín

MANDARINA

Esta es una categoría de cítricos del tipo de la naranja que incluye muchas variedades. Una característica común es que su piel se desprende fácilmente de la fruta. Y el rasgo más distintivo de esta fruta es que cuando se pelan, los gajos se separan fácilmente.

Variedades de las naranjas de la mandarina

Entre las más conocidas, tenemos: *Blida* fruta mediana en arbustos pequeños. *Clausellina,* mutación del brote de Owari. Madura temprano. *Clementine*, fruta roja luminosa, con cáscara delgada. Es una fruta mediana, temprana, dulce y jugosa. El clementine es un árbol diminuto, un híbrido que normalmente produce frutos sin semillas. Es cultivado en España y África del

Norte. *Norteamericana* recientemente introducida por la Universidad de California, produce fruta rica y jugosa, es anaranjada con manchas oscuras. *Satsuma* (Oonshui) mandarina japonesa o *Meltingly*, fruta dulce en arbustos compactos. Ha sido famosa en Japón durante 400 años. Las naranjas del satsuma son pequeñas y casi sin semillas. Color de plata (Owari) fruta grande, color rojo. Casi sin semillas y uno de los mandarinos más robustos. Las naranjas de Dancy son similares en tamaño y color a las clementinas, pero tienen muchas semillas, sin embargo su color y sabor son similares.

Se comercializan muchas variedades de mandarina de octubre a abril. Normalmente se venden como "mandarinas", pero los minoristas están usando cada vez más los nombres para cada tipo. Hay tres tipos de mandarina, básicamente: *1*) mandarinas comunes, *2*) tangerines y *3*) tangelos. A los que deben sumarse las clementinas y las bergamotas, usualmente llamadas mandarinas.

Entre las variedades más importantes se encuentran las clementinas, naranjas diminutas que tienen cáscara delgada, y fuerte y dulce sabor, la carne tiene color rojo naranja y normalmente tiene semillas, pero no molestan. Las clementinas crecen de noviembre a enero. Son una excelente fuente de vitamina C.

1) Las mandarinas comunes o tradicionales están disponibles por el tiempo de Navidad. Éstas incluyen los tipos Fairchild y las variedades Dancy. La mandarina de *Dancy* es la más tradicional, tiene un sabor agrio distintivo, muchas semillas y un color de carne rojizo naranja profundo.

Las mandarinas *Fairchild*, a veces llamadas naranjas del Templo, están a la venta en enero y febrero. Se parecen a una naranja con una forma más redonda. La fruta tiene un color rojo naranja, una piel ligeramente áspera y algunas semillas. Son de cáscara fácil de desprender con un sabor dulce agrio picante.

2) Los tangerines son de color naranja luminoso, con piel lisa y sabor dulce apacible. Entre éstas se encuentran los tipos *Satsuma*, *Miel* y *Real*.

El tangerín de Satsuma es la primera variedad disponible en la temporada. Es una de las favoritas durante la estación de las fiestas navideñas. La fruta tiene color anaranjado ligero con algún verde, un apacible sabor dulce y virtualmente ninguna semilla. Si usted está buscando sabor dulce y una mandarina sin semillas, pruebe un *satsuma*. ¡Son deliciosos!

El tangerín de Miel es muy aromático con un rico sabor distintivo. La fruta es muy jugosa y tiene semillas. Tienen alto contenido de azúcar que le dan un sabor dulce distintivo, rico. La fruta es amarillenta naranja y tiene una cáscara delgada, lisa.

3) Los tangelos son una cruza entre toronja de Duncan y mandarina Dancy, y cada vez tienen más demanda en todos los mercados del mundo por su jugosidad y por su sabor ligeramente dulce. Los tipos *Orlando* y *Minneola* son los más populares.

Un tangelo Orlando es redondo y grande. La fruta tiene una textura ligeramente granulada y cáscara firme. El sabor es muy bueno y casi no tiene semillas.

El Minneola es la variedad del tangelo más abundante. La fruta tiende crecer grande, de un color rojo naranja profundo en el exterior. Los Minneolas se pelan fácilmente, tienen pocas semillas y sabor dulce delicioso. Se reconocen fácilmente por la formación abultada en el extremo del tallo.

El mandarino

Este árbol que produce un fruto parecido a la naranja, de color amarillo rojizo, presenta flores blancas, hermafroditas con estambres en racimos. Las hojas son más pequeñas que las del naranjo, estrechas, elípticas o lanceoladas. Es nativo del sudeste asiático y se cultiva mucho en todas las zonas productoras de cítricos del mundo.

La mandarina se parece a la naranja, pero es más pequeña, de forma esférica, más deprimida en los polos, de olor más intenso, sabor agradable, con cáscara más delgada y con gajos que se separan con facilidad. Tiene un valor nutritivo muy similar al de la naranja, pero es un fruto más frágil y más expuesto a sufrir daños durante la manipulación.

Clasificación científica: *Citrus nobilis*.

Usos y preparación

Para seleccionar mandarinas jugosas y dulces, elija las frutas firmes, de color rojizo, y que sean pesadas para su tamaño. Cómalas de inmediato. No deje pasar nunca más de una semana. O refrigere, para almacenarlas hasta 2 semanas.

¿Ha probado usted alguna vez mandarinas en conserva? Se usan mandarinas de satsuma, procedentes de España y China, para hacer estas conservas. Son un delicioso bocado. Para preparar cualquier platillo, simplemente escurra el jugo de la lata y eche los segmentos de la mandarina en el postre o ensalada.

Recuerde, tome 2 mandarinas para obtener una porción de sus Cinco en un Día.

Una idea para comer gajos de mandarina frescos

Corte en segmentos los gajos de mandarina y sumérjalos en salsa de chocolate o yogur de sabores.

O agregue mandarinas a la ensalada, por ejemplo, a la ensalada de atún para un sabor delicioso, vívido.

Las mandarinas son un bocado fresco y maravilloso a cualquier hora del día. Son fáciles de pelar y de comer, por lo que son perfectas para los niños, si se les pone en su lonchera o como bocadillo en la oficina.

Datos nutrimentales sobre la mandarina

Tamaño: 1 mandarina cruda (109 g)

Grasa total 0.5 g	0%	Carbohidratos totales 15 g	5%
Grasa Saturada 0 g	0%	Fibra dietética 3 g	12%
Colesterol 0 mg	0%	Azúcares 12 g	
Sodio 0 mg	0%	Proteína 1 g	

Calorías 50		Calorías de Grasa Cal. 0		
Vitamina A 0%	Calcio 4%	Vitamina C 50%	Hierro 0%	Potasio 5%

Los porcentajes están basados en un régimen de 2000 calorías diarias.

Merengues de mandarina

¿Cuál es el secreto de un buen merengue? Batir las claras de huevo con el azúcar hasta que el preparado esté duro y muy brillante, entonces se revuelve cuidadosamente desde la base dos o tres veces, para que las claras no se desinflen.

Este postre tiene un intenso sabor a mandarina, resultado de usar la fruta entera, salvo las semillas, por supuesto.

Ingredientes:

✔ 2 tazas de jugo de naranja

✔ 2 tazas de azúcar

✔ 1/2 kilo de mandarinas, sin piel ni semillas

✔ 2 tazas de crema

✔ 2 cucharas de Gran Marnier

✔ 6 claras de huevo

Preparación:

Ponga el jugo de naranja, una taza de azúcar y las mandarinas a hervir en una cacerola a fuego medio alto, revolviendo hasta que el azúcar se disuelva. Tape la cacerola, reduzca el calor y deje a fuego lento hasta que las mandarinas estén blandas, aproximadamente 35 minutos.

Apretando firmemente la fruta, cuele a través de un cedazo y reserve el jugo.

Forme un puré, con la pulpa restante en la licuadora.

Ponga el puré en la cacerola; mezcle con 1/2 taza del jarabe colado, reservando el jarabe restante para otro uso (por ejemplo, una bebida refrescante). Precaliente el horno.

En un cuenco grande ponga la crema, el Gran Marnier y 2 cucharadas de azúcar; refrigere.

Unte con mantequilla diez copas de soufflé; espolvoree con azúcar y ponga en una charola de horno.

Revuelva el puré de mandarina a fuego bajo hasta calentar y deje a un lado.

En otro cuenco, bata a punto de turrón las claras de huevo, añada 1/2 taza de azúcar y ponga a glasear. Agregue el puré a las claras con movimientos envolventes. Divida la mezcla entre los platos preparados.

Hornée hasta dorar, aproximadamente 16 minutos.

Sirva con crema.

Pastel doble chocolate y mousse de mandarina

Cierre con broche de oro una celebración con este postre espectacular: un denso dulce de chocolate, un pastel cubierto con chocolate blanco, delicioso, y crema batida de mandarina.

Para el pastel:

✔ 1 taza de mantequilla sin sal

✔ 9 onzas de chocolate semiamargo

✔ 3/4 de taza de azúcar

✔ 5 g de avellanas tostadas

Para el mousse:

✔ 3 tazas de jugo de mandarinas frescas

✔ 1/3 de taza de azúcar

✔ 2 1/2 cucharaditas de gelatina

✔ 3 cucharadas de jugo de limón fresco

✔ 14 onzas de chocolate blanco (como Callebaut o Lindt), picado

✔ 6 cucharadas de crema agria

✔ 2 tazas de crema batida

✔ 9 onzas de chocolate blanco

✔ Cacao en polvo

✔ Frambuesas frescas

✔ Hojas de menta

Preparación:

Para el pastel:

Precaliente el horno. Unte con mantequilla un molde de 25 centímetros de diámetro y 10 de hondo. Cubra el fondo con papel aluminio y unte con mantequilla. Enharine. Sin dejar de mover a fuego bajo, caliente la mantequilla y el chocolate hasta fundir. Aparte del fuego y bata con el azúcar, los huevos y las avellanas y vacíe en el molde.

Hornée hasta que un palillo insertado en el centro salga con migas muy húmedas, aproximadamente 45 minutos.

Enfríe (el pastel se "caerá" y crujirá).

Saque el pastel y llévelo a una superficie de trabajo. Quite el aluminio. Corte el borde exterior de pastel.

Limpie la cacerola y ponga aceite en el fondo y a los lados, vuelva a meter el pastel en el centro. Refrigere.

Para el mousse:

Hierva el jugo de mandarina y el azúcar en una cacerola hasta que quede un jarabe, 1 1/2 tazas, aproximadamente 20 minutos.

Entretanto, disuelva la gelatina en el jugo de limón en un cuenco pequeño, bata y permita mezclarse por 10 minutos.

Agregue la mezcla de gelatina a la mezcla de jugo de mandarina y revuelva para disolver. Agregue 14 onzas de chocolate blanco y simplemente bata a fuego bajo hasta fundir. Bata la crema agria y agregue. Vacíe

en un cuenco grande. Bata de vez en cuando, aproximadamente 1 hora 45 minutos.

Bata la crema hasta que se formen picos. Unte la
mezcla del chocolate blanco sobre el pastel y vierta la
crema batida encima del pastel hasta cubrir completamente. Refrigere toda la noche.

Use el pelador de verdura o un rallador para cortar
rizos delgados de las 9 onzas de chocolate blanco. Si el
chocolate blanco es demasiado duro, ponga brevemente en un lugar caliente para ablandarlo ligeramente.

Ponga el pastel en una fuente. Rocíe el chocolate en
rizos encima del pastel. Ponga más chocolate en los
lados del pastel, cubriendo completamente. Ponga polvo de cacao en un cedazo fino. Espolvorée cacao muy
ligeramente encima de los rizos de chocolate.

Guarnezca con frambuesas y hojas de menta. Sirva
frío.

Ensalada de queso azul mandarina y berros

Ingredientes:

✔ 1/3 de taza de aceite de oliva
✔ 1/4 de taza de jugo de naranja
✔ 3 cucharadas de vinagre de vino blanco o de manzana
✔ 1 chalote, desmenuzado (pueden emplearse cebollines)

✔ 2 manojos de berros limpios

✔ 1/2 cebolla roja pequeña, partida en dos y rebanadas finas

✔ 4 mandarinas peladas, sin médula blanca, sin semillas

✔ 1/2 taza de queso azul

Preparación:

Bata el aceite, el jugo de naranja, el vinagre de vino blanco y el chalote desmenuzado en un cuenco pequeño. Sazone con sal y pimienta.

Combine los berros y la cebolla en un cuenco grande. Coloque gajos de mandarina encima. Rocíe con queso azul. Sirva, aderezando previamente.

Palmitos con mandarinas

Ingredientes:

✔ 1/4 de taza de mayonesa

✔ 1/2 taza de vinagre de vino rojo

✔ 1 mandarina

✔ Un frasco o lata de corazones de palma o palmitos

✔ 1 aguacate

✔ 2 tazas de arugula (pueden emplearse berros u otro tipo de ensalada verde)

Preparación:

En un batidor junte la mayonesa y el vinagre.

Limpie las mandarinas y píquelas, quite semillas, cáscaras y médula. Los gajos deben quedar libres de membranas.

Enjuague los palmitos y córtelos en rodajas.

Corte el aguacate sin cáscara en pedazos.

Ponga en una ensaladera la arugula en pedazos del tamaño de un bocado y agregue la mandarina, el jugo, los corazones de palma y el aguacate. Sazone con sal y pimienta.

Mandarina fresca

Ingredientes:

✔ 3 1/2 tazas del jugo de mandarinas, fresco (aproximadamente 15 mandarinas)

✔ 3/4 de taza de azúcar extrafino

Preparación:

En un cuenco junte el jugo y el azúcar hasta que ésta se disuelva. Meta el jugo al congelador, aproximadamente 3 horas.

Pique el jugo helado hasta formar una crema, sirva de inmediato.

Flan de mandarina

Este postre es mitad flan, mitad pastel esponjoso.

Ingredientes:

✔ 1/3 de taza de azúcar

✔ 1 cucharada de cáscara de mandarina desmenuzada

✔ 1 cucharada de mantequilla a temperatura ambiente

✔ 2 yemas de huevo

✔ 3 cucharadas de harina

✔ 2/3 de taza de jugo de mandarina fresco

✔ 2/3 de taza de leche baja en grasa

✔ 3 claras de huevo

Preparación:

Precaliente el horno. Unte con mantequilla un plato refractario de 20 centímetros de diámetro y 5 de hondo.

Combine el azúcar, la cáscara de mandarina y la mantequilla en un cuenco grande. Revuelva bien. Mezcle con las yemas de huevo y la harina.

Revuelva el jugo de mandarina y la leche.

Bata las claras de huevo en otro cuenco grande a punto de turrón. Una las claras a la mezcla de mandarina.

Ponga la mezcla en el molde preparado.

Cocine al baño maría hasta que la esponja esté firme, aproximadamente 45 minutos. Sirva frío.

Emparedados de pollo y mandarina

Ingredientes:

✔ 3 mandarinas dulces, tangelos o tangerinas

✔ 1 pechuga de pollo deshuesada, cocida y picada

✔ 1 taza de apio picado

✔ 1 cebolla pequeña picada fina

✔ 4 cucharadas de perejil fresco

✔ 125 g de mayonesa o crema ácida

✔ 100 g de queso fundido

✔ 1 cucharadita de chile piquín

✔ 4 cucharadas de leche

✔ 1 manzana sin cáscara ni semillas, picada

✔ 1 cucharada de nueces de Castilla picadas

✔ 1 cucharada de pasitas sin semilla

Preparación:

Se pelan las mandarinas, se le quitan membranas, filamentos y semillas y se pican para obtener la pulpa. Se mezclan con el pollo, el apio, la cebolla, el perejil, la manzana, las nueces y las pasas. Se revuelve y se deja marinar media hora.

Mientras, coloque los demás ingredientes y métalos en la licuadora o procesador de alimentos, para obtener una pasta untable.

Corte rebanadas de pan integral y tuéstelos en el comal.

Mezcle el aderezo con los demás ingredientes, coloque una capa de lechuga sobre el pan de grano entero y encima la ensalada, cubra con el otro pan. Obtendrá unos emparedados suculentos.

VIII.

Mi media naranja

EL NARANJO

El naranjo es un árbol de hoja perenne, que en raras ocasiones llega a sobrepasar los 10 m de altura. Las hojas son ovales y lustrosas. Y las flores, llamadas de azahar, son blancas y fragantes.

El naranjo, aunque nativo del sudeste de Asia, hoy tiene gran importancia económica a escala mundial, se cultiva en regiones cálidas y el jugo de naranja cotiza en las casas de bolsa de todo el mundo, como si de oro líquido se tratara. El principal país productor de naranjas es Brasil, seguido de Estados Unidos, México, España, Italia, China, India, Egipto, Israel, Marruecos y Argentina. Una parte de la producción se vende en forma de fruto entero; el resto se usa para elaborar jugo congelado y envasado, extractos y conservas.

La naranja

Naranja es el nombre común de un cítrico que producen diversos árboles. Entre las variedades más comunes cabe citar las naranjas amargas y dulces, aunque 'uego veremos que existen muchas más.

La naranja es una baya. Consta de gajos fáciles de separar, cada uno de los cuales contiene pulpa, de color variable entre el anaranjado y el rojo, jugosa y suculenta; varias semillas, y numerosas células jugosas que contiene glándulas llenas de aceites esenciales.

De la naranja se extraen tres aceites esenciales: **Esencia de Naranja**, que se obtiene de la cáscara del fruto y se usa sobre todo como agente aromatizante; **Petigrain**, que se obtiene de las hojas y ramillas y se usa en perfumería; y **Esencia de Neroli**, extraída de las flores y usada como aromatizante en perfumería.

Las variedades comestibles se diferencian por su carne; la naranja dulce es de color cercano al rojo y gusto agridulce y delicado; la naranja sanguina o sangre de toro tiene la pulpa de color granate. La naranja zajón o cajal es un híbrido de los naranjos dulce y amargo. La variedad valenciana es muy apreciada; se caracteriza por carecer de semillas.

Las variedades de naranjas

Los naranjos forman parte del género *Citrus*. El naranjo dulce es *Citrus sinensis* y el amargo, *Citrus aurantium*.

Contrariamente a lo que la mayoría de nosotros piensa, esta fruta no obtuvo su nombre por su color. En cambio, la palabra naranja viene de una transliteration del sánscrito *naranga,* que a su vez viene del naru de Tamil y significa fragante.

Durante mucho tiempo las naranjas fueron asociadas con la fertilidad y, por consiguiente, con las bodas. Esto se debe a que este árbol de hoja perenne puede producir flores, fruta y follaje simultáneamente. En algún tiempo, los naranjos eran decorativos, cultivados por sus flores de azahar, pues la fruta era demasiado ácida para su consumo. Y los ramos de novia eran elaborados con ramilletes de estas blancas flores.

Sin embargo, las naranjas originarias del sudeste de Asia, ahora también crecen alrededor del mundo en áreas de clima caluroso y esto se debe a las variedades dulces.

La variedad agria es amarga; se utiliza en jardinería como ornamental y se cultiva para obtener aceites esenciales, para elaborar mermelada y como patrón portainjertos. Es de corteza más dura, fina y rugosa que la de la naranja dulce.

Naranjas amargas

Entre las naranjas amargas las más conocidas son la de Sevilla y las Naranjas Bergamota (no confundir con las mandarinas bergamotas, muy dulces). Son, como su nombre indica, demasiado agrias y astringentes para comerlas crudas. En cambio, se cocinan en preparaciones como mermelada de naranja y salsas. También se valoran por su cáscara que es ideal para confitar. Y por sus aceites esenciales que se añaden a comidas y licores, como el Curazao, el Cointreau, y otros.

La mayoría del suministro mundial de naranjas amargas viene de España, pero en México se cultivan para elaborar platillos regionales, así como para elaborar mermeladas.

Las naranjas de este tipo, frescas, están disponibles el año entero. Escoja fruta firme y fuerte para su tamaño, sin manchas. Un color brillante no es necesariamente un indicador de calidad, porque en ellas se da el *regreening*, como a veces ocurre con las naranjas totalmente maduras, particularmente con las Valencias. Un área áspera o pardusca en la piel no afecta el sabor o la calidad de este tipo de naranja.

Pueden guardarse frescas y a temperatura ambiente durante un par de días, pero si se les refrigera pueden conservarse 2 semanas.

Las naranjas agrias son una fuente excelente de vitamina C y contienen algo de vitamina A.

1) **Naranja de Sevilla**

La naranja de Sevilla es amarga y crece en la región mediterránea. Tiene una piel gruesa, áspera y carne sumamente agria, amarga y llena de semillas. Debido a su gran acidez, no es una naranja de mesa, pero es sumamente popular para hacer mermeladas, así como licores como Cointreau, Curazao, Gran Marnier y Triple Sec.

La naranja de Sevilla también se usa en salsas y condimentos. Y es la favorita particularmente cuando la guisamos con pato, porque su acidez neutraliza el sabor graso. La cáscara seca se usa a menudo para sazonar.

2) **Naranja Bergamota**

Esta es una naranja agria pequeña de cuya cáscara se obtiene un aceite esencial, llamado precisamente "de bergamot" que se usa en perfumes y cosméticos.

La cáscara se come confitada. El platillo Conde Gris obtiene su sabor huidizo del aceite de bergamot. Se dice que la receta fue dada al Conde por una mandarina china de quien era amigo.

Las naranjas dulces

Las naranjas de ombligo, las naranjas de Valencia, las naranjas agrias y las naranjas del Moro, son algunas de las muchas variedades cultivadas de este fruto.

1) **La naranja de sangre**

El nombre describe un aspecto de la singularidad de la fruta: su color de carne rojo profundo. Sin embargo, no hace justicia a la otra calidad excepcional de la fruta, su sabor rico, con reminiscencia a frambuesa y fresa. Generalmente es menos agria que las naranjas regulares. Es la más dulce, jugosa y fácil de pelar.

También se la llama naranja borgoña, de sangre de toro, sanguínea, naranja del Moro, naranja de la sangre del Moro Rojo o sencillamente naranja roja.

2) **Naranjas de ombligo**

Las naranjas de ombligo se cosechan desde noviembre a mayo, con suministros mayores en enero, febrero y marzo. No poseen semilla, esto se debe a que son un fruto híbrido, producto de injertos. Deben su nombre a la formación de un ombligo en el extremo opuesto del tallo. Es la naranja considerada la más fina, propia para la mesa. Y su cáscara y gajos se segmentan fácilmente.

Puede elaborarse jugo con ellas pero es mejor usarlas como fruta de sobremesa. Luego de exprimirlas, el jugo de esta variedad de naranjas tiende a ponerse amargo, por lo que debe consumirse de inmediato.

Los especialistas creen que el ombligo es una fruta más pequeña pegada a la naranja principal. Usted puede verla cuando pela y separa los gajos.

La mejor manera de disfrutar las naranjas de ombligo es cortarlas en secciones y comerlas. En México mucha gente las parte por la mitad, les pone sal y chile piquín para saborearlas. También se les pela y se cortan en gajos, o se les quita una pequeña porción para chuparles todo el jugo.

Los atletas suelen consumir gajos de naranjas de ombligo porque pueden comerse fácilmente, son un estallido de energía y tienen un delicioso sabor.

Las naranjas de ombligo son una delicia agregada a la fruta fresca y a las ensaladas de verdura.

3) Naranjas de Valencia

Llamadas *chinas*, *naranjas valencias*, *de Valencia o de Verano*, estas naranjas producen desde febrero a octubre, con mayor producción en los meses de mayo, junio y julio.

Tiene como características una piel más delgada y pocas semillas en sus gajos.

Son naranjas excelentes para jugo, aunque también para comer, sobre todo cuando se les cortó en primavera y están frescas.

Una selección de naranjas de Valencia realizada en Nueva Zelanda incorporó nueva dulzura a los plantíos de naranjas en el mundo entero. Estas naranjas tienen forma de un gran huevo o son completamente redondas.

Las naranjas de Valencia parecen verdes por fuera y sin embargo están maduras pues cuando las naranjas están madurando en los meses más calurosos, sufren un fenómeno conocido como *regreening* (reverdecimiento).

Usualmente, las naranjas se ponen doradas antes de madurar totalmente. Cuando el clima se torna más caluroso y cuelgan aún del árbol, empiezan a ponerse verdes de nuevo, empezando por el extremo del tallo. Esto se debe a que las altas temperaturas de la tierra causan un incremento en la producción de clorofila, y al ser ésta verde, las cáscaras de la naranja adquieren el color de las hojas. Como puede comprenderse, esto no es nada malo. Es más, vuelve mejores estas cáscaras en términos nutritivos.

Las naranjas de Valencia se originaron en España y Portugal. Normalmente están llamadas a ser "jugo" de naranja, pero también son nuestra principal fuente de vitamina C durante los meses de verano. Las naranjas de Valencia tienen un alto volumen de jugo y esto las hace refrescantes, además de ser deliciosas y dulces.

Entre otras variedades se encuentran: *Navel* (ombligona), *Washington*, *Navelina* (Dalmau), Sacerdote *Brown*, *Prata* (o Plata), *Sanguinelli* que es una mezcla entre una naranja de sangre y una española, de sabor agrio, picante, *Shamouti* una naranja dulce fragante de Israel, virtualmente sin semillas. *St. Michael's* (Piel del Papel) fruta jugosa de calidad excelente. De la Isla de St. Michael. La *Thomson* un tipo Washington que madura más temprano, es una fruta de tamaño similar pero de un árbol enano. *Valencia Late* (Excelsior) fruta grande con jugo abundante. *Ombligo de Washington* la variedad de invierno que madura en California. La fruta madura en diez meses y produce el año entero.

Usos y preparación

Para saber si una naranja está fresca, déjela caer de una mano a otra, si está fresca y jugosa, se sentirá pesada para su tamaño.

Si va a guardarlas, métalas al refrigerador. Pero no las guarde más de una semana. Si bien la mayor disponibilidad de naranjas es de diciembre a julio, nuevas variedades producen el año entero, por lo que es mejor comprar naranjas frescas cada semana. Consúmalas frescas. Agregue a sus ensaladas. Mezcle el jugo en sus bebidas favoritas o agregue a las bebidas mixtas. Aprenda a hacer mermelada con la piel, pues ésta es una mermelada maravillosa. Son un gran aperitivo en la tarde.

Recuerde que los únicos jugos que cuentan como parte de sus cinco frutas en un día son los elaborados 100% con fruta.

Datos nutrimentales sobre la naranja

Tamaño: 1 naranja cruda (154 g)

Grasa total 0 g	0%	Carbohidratos total 21 g	7%
Grasas Saturadas 0 g	0%	Fibra dietética 7 g	28%
Colesterol 0mg	0%	Azúcares 14 g	
Sodio 0 mg	0%	Proteína 1 g	
Calorías 70		**Calorías de Grasa 0**	
Vitamina A 2%	Calcio 6%	Vitamina C 130%	Hierro 2%	Potasio 7%

Los porcentajes están basados en un régimen de 2000 calorías diarias.

Lo mejor es hacer jugo en casa, pero si va a comprarlo, verifique que la etiqueta diga 100% jugo de fruta en cada lata, cartón o botella. En caso contrario, no lo compre.

Jugo de fruta 100% le garantiza que no se le ha agregado azúcar.

Verifique, además, el contenido de vitamina C.

Recuerde, la naranja es uno de los frutos necesarios en la cuenta de cinco al Día. Una naranja contiene toda la vitamina C que su cuerpo necesita durante las primeras horas del día, pero como esta vitamina se desintegra con facilidad, recuerde consumir cinco frutas a lo largo del día.

Ponche de frutas tropicales

Ingredientes:

✔ 1 litro de jugo de naranja
✔ 1/4 de litro de jugo de lima
✔ 1/8 de litro de jugo de limón
✔ 1 botella de agua mineral con gas
✔ 1 lata de 200 g de helado de limón
✔ 1 paquete de 200 g de duraznos congelados
✔ 1 paquete de 100 g de frambuesas congeladas
✔ 2 plátanos firmes, pelados y rebanados
✔ 2 naranjas, peladas y rebanadas

Preparación:

Combine todos los ingredientes en un cuenco. Revuelva y sirva.

Bizcochos de naranja con pasas de corinto

Ingredientes:

✔ 4 tazas de harina blanca para todo propósito
✔ 3 cucharadas de azúcar
✔ 2 cucharaditas de polvo de hornear
✔ 2 cucharaditas de levadura en polvo

✔ 2 cucharaditas de soda

✔ 1/4 de cucharadita de sal

✔ 1 taza de margarina sin sal, en pedazos

✔ 3 cucharadas de ralladura de cáscara de naranja de aproximadamente 2 naranjas de ombligo

✔ 1 1/2 tazas de pasas de Corinto secas

✔ 1 taza de suero de manteca

✔ 2 huevos grandes

✔ 1/4 taza de miel

Preparación:

Bata la harina, el azúcar, el polvo de hornear, la levadura, la soda y la sal. Agregue la margarina y la ralladura de naranja. Y agregue las pasas.

En un cuenco junte el suero y los huevos y mezcle, luego, simplemente una a la harina hasta formar una masa.

Caliente el horno y prepare 2 bandejas de coci᠁ ᠁n-to con papel aluminio. En cada hoja ponga seis montones de masa, de tamaño de media copa, colocados aproximadamente a una pulgada de distancia entre sí.

Ponga encima un poco de miel y rocíe con azúcar. Espere a que esponjen unos 15 minutos.

Hornée a temperatura alta y baje luego la temperatura a una tercera parte, cambie la posición de las hojas a medio, y dore ligeramente, aproximadamente 20 minutos.

Ensalada de rábano y naranja

Ingredientes:

✔ 2 cucharadas de jugo de limón fresco

✔ 1/2 cucharadita de agua sabor de naranja, extracto

✔ 1 cucharadita de azúcar

✔ 1/8 de cucharadita de canela en polvo

✔ 1/8 de cucharadita de pimienta de Cayena o chile piquín en polvo

✔ Sal

✔ 3 naranjas de ombligo

✔ 2 rábanos grandes, con hojas, que se reservan para la guarnición

Preparación:

Se mezclan el jugo de limón, el agua de flor de naranja, el azúcar, la canela, la Cayena y la sal, hasta que el azúcar se disuelva.

Con un cuchillo dentado se pelan las naranjas y se quitan el tegumento, la piel y las semillas, se cortan los gajos en rodajas.

Se colocan las rodajas de naranja en una fuente y se les esparce la mezcla encima. Permita macerar 30 minutos.

Los rábanos bien limpios se parten en dos a lo largo. Y luego se procede a cortarlos en círculos delgados y se extienden por encima de las rodajas de naranja.

Guarnezca la ensalada con hojas de rábano.

Ensalada de tocino, endibia, naranja y aguacate

Ingredientes:

✔ 1 cucharada de vinagre de vino blanco
✔ 1/4 de cucharadita de mostaza
✔ 2 1/2 cucharadas de aceite de oliva extravirgen
✔ 1 naranja de ombligo grande
✔ 1 aguacate maduro
✔ 2 endibias
✔ 3 rodajas de tocino, cocinado hasta que esté crespo y desmenuzado fino

Preparación:

Bata el vinagre, la mostaza y la sal y sazone con pimienta, y después agregue el aceite poco a poco hasta emulsionar.

Con un cuchillo afilado quite la cáscara y médula de la naranja, para que los gajos queden libres de membranas. Pele el aguacate y hágalo trozos, se le agrega a la naranja.

Las endibias bien limpias se cortan en rodajas delgadas. Agregue las endibias y aderece.

Salpique la ensalada con el tocino.

Salsa de chipotle y naranja

Ésta es una receta deliciosa. Prepare pulpos, córtelos en rodajas y sírvalos fríos junto con esta salsa y copos de mayonesa.

Ingredientes:

✔ 1 pimiento morrón amarillo, cortado

✔ 1 cebolla, cortada

✔ 1/3 de taza de aceite de oliva

✔ 1 naranja de ombligo

✔ 1 cucharada de chiles chipotles en conserva o en adobo

✔ 6 jitomates pera, enteros pero sin semillas

✔ 1 pimiento morrón verde, pequeño, picado

✔ 1 cucharada de cilantro fresco

✔ 1 cucharada de jugo de lima, fresco

Preparación:

En una sartén fría el pimiento amarillo y la cebolla a fuego ligeramente alto hasta que las verduras estén tiernas y empezando a dorar.

Ralle 1/2 cucharadita de la cáscara de naranja y reserve. Exprima el jugo de la naranja. Agregue jugo de naranja y los chiles chipotles a la mezcla de la cebolla y cocine 1 minuto.

Corte los jitomates y revuelva con la cáscara de naranja rallada, la mezcla de cebolla, el pimiento verde, el cilantro y el jugo de lima.

Bata hasta formar un puré.

Póngalo en un frasco con una tapa hermética y déjelo guardado, cubierto y en frío por una semana.

Rodajas anaranjadas frescas con naranjas confitadas y pistaches

Ingredientes:

✔ 2 naranjas de ombligo

✔ 1/4 de taza de azúcar

✔ 1/2 taza de agua

✔ 3 cucharadas de Gran Marnier u otro licor de naranja

✔ 20 pistaches naturales sin cáscara y picados (aproximadamente 3 cucharadas)

Preparación:

Corte la cáscara de las naranjas en tiras y póngalas en una cacerola pequeña, con agua suficiente para cubrirlas, y cueza a fuego lento por 10 minutos.

Con un cuchillo afilado corte una rodaja de la cima y otra del fondo de cada naranja y coloque en una tabla para cortar. Corte de la cima a la base, quite cáscara y tegumento. Rebane las naranjas en rodajas delgadas y póngalas en platos del postre.

Cuele el agua de las cáscaras con un cedazo y devuelva a la cacerola. Cueza a fuego lento con el azúcar y 1/2 taza de agua a fuego ligeramente bajo 10 minutos o hasta que la cáscara se vuelva translúcida y el jarabe se espese. Agregue el licor y deje cocer a fuego lento 1 minuto más.

Coloque el confite decorativamente alrededor de las rodajas de la naranja y cubra con jarabe. Salpique el postre con pistaches.

Calabaza picante y condimento de naranja

Ingredientes:

✔ 6 tiras de cáscara de naranja

✔ 1 calabaza de 1 kilo

✔ 1 taza de agua

✔ 1 taza de azúcar

✔ 1/4 de cucharadita de chile rojo muy picante

✔ 3 naranjas de ombligo

✔ 1 cucharada de vinagre balsámico

✔ 1 cebolla, picada

Preparación:

Corte las cáscaras y ponga en una cacerola con agua hirviendo ponga por 1 minuto. Pase por cedazo fino.

Parta en dos la calabaza a lo largo y quite las semillas (no las tire, tuéstelas y resérvelas para otro platillo).

Quite la cáscara de la calabaza y corte en dados.

En una cacerola ponga una taza de agua y otra de azúcar y hierva junto con el chile seco.

Agregue la calabaza y las cáscaras de naranja, para cocer a fuego lento, cubierto, por 5 minutos, o hasta que la calabaza esté tierna.

Mientras tanto, con un cuchillo dentado pele y limpie las naranjas, trabaje encima del cuenco de la mezcla de calabaza para que el jugo caiga dentro. Los gajos limpios y cortados se dejan caer en la mezcla de la calabaza.

Revuelva el vinagre y el chalote.

Sirva a la temperatura ambiente con pollo o cordero.

Ensalada de achicoria

Ingredientes:

✔ 1 1/2 cucharadas de aceite de oliva extra virgen
✔ 1 cucharada de vinagre blanco
✔ 1/2 cucharadita de mostaza Dijon
✔ 1/4 de cucharadita de pimentón
✔ 1 naranja de ombligo
✔ 3 tazas de achicoria, endibia rizada o escarola, lavada, seca y cortada en pedacitos.
✔ 1 jitomate maduro grande, cortado en pedazos
✔ 1 aguacate en pedazos
✔ 1/2 cebolla roja pequeña, rebanada delgada

Preparación:

Reúna en un cuenco de ensalada el aceite, el vinagre, la mostaza y el pimentón. Coloque rodajas de naranja en una fuente.

Vista con los ingredientes restantes y cubra con el aderezo.

Mejillones cocidos al vapor con naranja, hinojo y ajo

Ingredientes:

✔ 1 naranja

✔ 2 dientes de ajo grandes, majados

✔ 1/2 cucharadita de sal

✔ 2 cebollitas, cortado fino (aproximadamente 1/3 taza)

✔ 1/2 taza de hinojo finamente picado

✔ 1 cucharadita de semillas de hinojo

✔ 2 cucharadas de mantequilla sin sal

✔ 1/4 de taza de vino blanco seco

✔ 1/2 taza de caldo de pollo

✔ 1/2 kilo de mejillones limpios

✔ 1 cucharada de hojas de perejil frescas

Preparación:

Pele la naranja en tiras y reserve la cáscara; limpie las naranjas y deje sólo la pulpa (1/3 de taza) reservando la fruta restante para otro uso.

En una cacerola cocine el ajo, los chalotes, el hinojo y las semillas de hinojo en la mantequilla a fuego medio revolviendo, hasta que el hinojo cortado se ablande, aproximadamente 5 minutos.

Revuelva el vino y las tiras de cáscara de naranja y hierva 1 minuto. Agregue caldo y deje que vuelva hervir.

Limpie los mejillones y cocine en el caldo, tape y suba el fuego, verificando cada minuto, entre 3 y 8 minutos, hasta que estén completamente cocidos. Saque con una cuchara y póngalos en un cuenco.

Revuelva el caldo con la naranja, el perejil y sazone con pimienta y sal.

Rocíe los mejillones con este caldo.

Ensalada de cilantro, jícama y naranja

Ingredientes:

✔ 4 naranjas sin cáscara ni semillas, los gajos picados (aproximadamente 2 tazas). Se reserva el jugo.

✔ 12 jícamas pequeñas y dulces, peladas y cortadas en rodajitas

✔ 1/2 cebolla roja pequeña, en rebanadas

✔ 1/4 taza de cilantro fresco

✔ 1 cucharada de jugo de limón fresco

✔ 3/4 de cucharadita de sal

✔ 2 cucharaditas de piñones

✔ 2 cucharaditas de pepitas

✔ 2 cucharaditas de cacahuates tostados

Preparación:

En un cuenco grande revuelva todos los ingredientes, excepto las semillas. Antes de servir, salpique cada plato con las semillas, o póngalas en la mesa para que cada persona se sirva a su gusto.

Pollo con naranja

Cuando los comerciantes árabes llegaron a Italia llevaron las naranjas como parte de su tesoro, ésta es una receta del norte de África, quizá árabe o sefaradí, pues también hubo emigrantes judíos en estos viajes.

Puede sustituirse en esta receta el jugo de granada, un ingrediente común en la cocina sefaradí, por jugo de limón.

Ingredientes:

- ✔ Un pollo para asar de 1 1/2 kilo
- ✔ 1 naranja
- ✔ 2 limones
- ✔ 3 cucharadas de raíz de jengibre fresca y pelada finamente
- ✔ pimienta negra
- ✔ 5 cucharadas de margarina
- ✔ 1/4 taza de jugo de granada
- ✔ 1/2 taza de jugo de naranja fresco
- ✔ 3 cucharadas de miel

Preparación:

Caliente el horno. Ponga el pollo en la parte baja, para asar.

Ralle la cáscara de naranja y de un limón. Frote el pollo con el limón y la naranja cortados. Bañe en el jugo.

Reúna en un tazón las cáscaras ralladas y una cucharada de jengibre. Frote uniformemente la cavidad del pollo con la mezcla.

Ponga la naranja y el limón restantes dentro del cuello del pollo, y sazone con pimienta y sal.

Ponga juntos la margarina, los jugos, la miel y las 2 cucharadas de jengibre restantes.

Ponga el pollo a asar y bañe con la mezcla mientras se dora, por lo menos cuatro veces durante el asado (si el pollo se dora demasiado rápidamente, cubra con una lámina de papel encerado), debe cocerse entre 2 y 2 1/2 horas.

Pase el pollo a una tabla y corte en porciones.

Naranjas en jarabe de canela

Ingredientes:

✔ 1/2 taza de vino blanco seco
✔ 1/2 taza de agua
✔ 1/4 de taza de azúcar
✔ 1 raja de canela, por la mitad
✔ 3 naranjas de ombligo grandes, sin cáscara ni tegumentos en 4 rodajas cada una

Preparación:

Combine el vino, el agua, el azúcar y la raja de canela en una cacerola. Ponga a hervir. Reduzca el calor; tape y cueza a fuego lento 8 minutos. Aparte del fuego.

Coloque una capa de naranja en rodajas en un cuenco poco profundo y ancho. Vierta el jarabe caliente encima de las naranjas. Refrigere 3 horas por lo menos.

Salsa holandesa

Esta salsa rica y cremosa generalmente se usa para acompañar verduras, pescado y platos a base de huevo, como el clásico Huevos a la Benedictina. Se hace con mantequilla, yemas de huevo y jugo de limón, normalmente en baño maría o en una olla de doble fondo, para prevenir que se cocine demasiado y se sirve caliente.

Salsa maltesa

Pruebe sustituir el jugo de limón por el de naranja en la salsa holandesa y entonces tendrá la salsa maltesa. A esta mezcla se le añade además el jugo de naranja y cáscaras ralladas de naranja. Cubra verduras cocinadas, particularmente espárragos y ejotes.

Ingredientes:

✔ 2 yemas de huevo grandes
✔ 1 cucharada de jugo de limón fresco
✔ Una pizca de pimienta blanca
✔ 1/2 taza de mantequilla sin sal, derretida
✔ 1 cucharadita de cáscaras ralladas de naranja (preferentemente de naranja de sangre)

✔ 1 cucharada más 1 cucharadita de jugo de naranja fresco (preferentemente de naranja de sangre)

Preparación:

En una batidora o en el procesador de comida ponga las yemas de huevo, el jugo de limón, una pizca de sal y la pimienta blanca. Con el motor funcionando agregue la mantequilla en un hilo.

Agregue la cáscara y el jugo de naranja y mezcle bien.

Pase la mezcla a través de un cedazo fino o un colador sobre un cuenco pequeño y guarde caliente.

Tape con una rueda de papel de cera untada con manteca y ponga sobre una cacerola con agua caliente.

Bañe los espárragos con esta salsa.

Jarabe de naranja

Ingredientes:

✔ 3/4 taza de concentrado de jugo de naranja, helado
✔ 1/2 de mantequilla
✔ 1/2 taza de azúcar

Preparación:

Combine el concentrado, la mantequilla y el azúcar en una cacerola pequeña. Cocine a fuego bajo y revuelva hasta fusionar la mantequilla y el azúcar (no debe hervir).

Aparte del fuego y deje entibiar.

Mermeladas

Se llama mermelada a la confitura que contiene pedazos de piel de fruta. La palabra mermelada viene del portugués y significa membrillo en jalea. Luego la naranja de Sevilla se popularizó para este fin. Pronto se emplearon otras frutas, sobre todo cítricos, pero con el tiempo todas las frutas se han utilizado para elaborar jaleas y mermeladas.

Pollo a la mermelada

Ingredientes:

✔ 1/4 de taza de mermelada de naranja
✔ 1/4 de taza de jugo de limón fresco
✔ 1/4 de taza de vino blanco seco
✔ 2 cucharadas de salsa de soja
✔ 1/4 de cucharadita de tomillo seco
✔ 1 pollo de kilo y medio cortado en 8 pedazos

Preparación:

Combine los ingredientes, menos el pollo, en un cuenco grande. Quite cualquier grasa visible y el exceso de piel del pollo. Agregue el pollo al adobo. Tape y refrigere toda la noche, revolviendo de vez en cuando.

Caliente el horno. Ponga el pollo en el asador y reserve el adobo. Hornée durante 20 minutos. Dele vuelta y deje 20 minutos más. Cocine hasta dorar.

Entretanto, hierva el adobo hasta reducirlo para vidriar, aproximadamente 10 minutos. Unte el pollo con el glaseado, con la ayuda de un cepillo.

Hornée hasta que el glaseado se haya adherido y el pollo se cocine a través de él, aproximadamente 5 minutos. Saque y sirva.

El poder curativo de la naranja

La primera mención acerca de las naranjas aparece en las escrituras de los árabes, mientras que la fecha y el modo en que llegaron a Europa es muy incierto.

Las frutas pequeñas, inmaduras, a veces se les conoce como bayas de naranja y se utilizan para sazonar bebidas como el Curazao, son el tamaño de una cereza y en algún tiempo se extrajo extracto de éstas. La cáscara se usa fresca o seca.

Se elabora aceite a partir de las hojas y los retoños jóvenes. El aceite volátil de la cáscara de naranja amarga es conocido como Aceite de Bigarade (los franceses realizan una salsa con castañas y naranjas que lleva este mismo nombre). De las naranjas dulces se obtiene el aceite de naranja conocido como Aceite de Portugal.

El aceite de la naranja es uno de los más difíciles de conservar, el método más satisfactorio sigue siendo agregar 10% de su volumen de aceite puro de oliva.

Las flores rinden por destilación un aceite esencial conocido como Neroli, que forma uno de los elementos principales del Agua de Colonia. También se obtienen una pomada y un aceite de las flores si se macera.

El aceite de naranjas dulces se encuentra en el comercio con el nombre de Pétalos de Neroli. Es menos fragante, pero tiene la ventaja del precio, pues cuesta la mitad que el Aceite de Neroli. Y esto es importante pues el verdadero Aceite de Neroli se adultera frecuentemente.

Un árbol maduro rinde en promedio de 25 a 30 kilos de azahares por año. Cien árboles, a la edad de diez años, ocuparán casi media hectárea de tierra. El rendimiento de aceite varía según la temperatura y las condiciones atmosféricas que prevalecen en el momento de la recolección. Puede alcanzar hasta 1 400 gramos por 100 kilogramos de flores en tiempo caluroso.

El método que la mayoría sigue para extraer el aceite es la destilación que rinde un porcentaje más alto de aceite que el obtenido de las flores por maceración o absorción en grasas y solventes volátiles. Las flores se destilan inmediatamente después de recoger, el aceite esencial sale a la superficie del destilador, mientras que la porción acuosa se vende como Agua de Flor de Naranja. Los fabricantes de bizcocho la utilizan cada vez más, pues les da sabor a naranja a sus productos.

Hay una marcada diferencia en el olor de los aceites obtenidos por procesos diferentes. Neroli, obtenido por destilación, tiene un aroma diferente al de la flor de la naranja fresca; los aceites obtenidos por solventes y por maceración y se asemejan más al olor de la flor natural. De 100 kilogramos de flores se obtienen por destilación y en promedio 1 000 gramos de aceite; por solventes volátiles, 600 gramos; por maceración, 400 gramos; y por enfleurage, sólo sobre 100 gramos de aceite. Esto influye en los perfumes y en los remedios que obtenemos de la naranja.

El aceite de la flor de la naranja, como la pomada o pomatum, ligeramente modificado con otros extractos puede emplearse para hacer perfumes como sustitutos del Guisante Dulce o la Magnolia, porque el aroma natural se parece ligeramente.

La acción medicinal del aceite se usa principalmente para el tratamiento de la bronquitis crónica. No es irritante para los riñones y es de sabor agradable. Asimismo, se usa una infusión de flores secas como estimulante nervioso, pero lejos de producir agitación, este té nos genera un estado apacible.

La cáscara de la naranja amarga se seca y se convierte en un polvo tónico; se prefiere el de la Sevilla o Bigaradia. Para sazonar, la cáscara de la naranja dulce es mejor. Se usa el jarabe y el elixir de naranjas para este fin.

El vino de naranja se emplea como un vehículo en los medicamentos. El vino compuesto es demasiado peligroso, pues resulta sumamente embriagador; mezclado con absinthium, se le conoce como ajenjo, una bebida hoy prohibida. Se recomienda su uso en cantidades muy pequeñas, como tónico.

IX.

La toronja se pasea, el pomelo la enamora

EL TORONJO

Toronjo es el nombre del árbol que produce una fruta cítrica, nativa de Indonesia y que se cultiva desde hace mucho tiempo en el sur de Europa. Se diferencia con facilidad de casi todas las demás especies de cítricos por sus grandes hojas de anchos peciolos alados.

Los árboles de la toronja son grandes, con hojas verdes oscuro y la fruta se mantiene en racimos. Los toronjos son bonitos. Sus flores blancas dan lugar a frutos redondeados de color amarillo claro, de hasta 4.5 kilogramos de peso, llamados *toronjas*, *pampelmusas* o *naranjas gigantes*.

La cáscara es amarga, gruesa, blanca y esponjosa por dentro; encierra una pulpa verdosa, con mucho líquido algo ácido y aromático. El toronjo produce el año entero. Las variedades Oroblanco y Melogolds se recogen de diciembre a abril.

De mejor calidad y más pequeño es el pomelo, una variedad mayor que la naranja con los frutos agrupados en racimos. El toronjo es una variedad de la especie *Citrus maxima*. El pomelo, asimismo, es una variedad de esta especie.

La toronja

Su nombre en inglés *grapefruit* se deriva de que la toronja crece en racimos como las uvas. Hay dos categorías principales de toronja, la natural, que viene con semillas, y las hibridadas, sin semillas.

También se clasifican según su colorido: blanco y rosa, porque los rangos de la carne van del rosa pálido al rojo rubí. Pero sea rosa o blanca, la toronja puede ser igualmente dulce o amarga. Muchas personas creen que el blanco es el de mejor sabor, pero en los últimos años han aparecido variedades rosadas muy dulces. Existen muchas variedades de plantíos de toronjales, aunque dos tipos comandan las plantaciones, el Ruby y el Dorado. La *toronja Ruby* tiene la carne rosa y un rubor rubí en la piel. La *toronja Dorada*, en cambio, tiene la carne y la piel amarillas, la pulpa puede ser opaca, pero la cáscara siempre será luminosa.

En los últimos años han aparecido nuevos cultivadores de las variedades rojas, excelentes, como *Estrella Ruby* y *Río Rojo*, que al tener un sabor menos agrio, han crecido en popularidad.

Usos y preparaciones

Cuando seleccione una toronja, ésta debe ser firme pero elástica al tacto. Escoja fruta que se siente pesada para su tamaño pues esto le indica que tiene mucho jugo, ya que como en la toronja, tres cuartas partes son líquidas. El color superficial no indica madurez pues en algunas ocasiones la clorofila extra produce un tinte verde. Los expertos están de acuerdo que ese color tiene una pequeña ventaja en el sabor final de la fruta, mejorándola; es una cuestión de preferencia individual. Escoja toronjas que tengan la piel delgada y brillantemente coloreada.

Se guardan mejor y se conservan más frescas si envuelve las toronjas en una bolsa de plástico, individualmente, y las pone en el cajón para verdura del refrigerador; no debe almacenarlas más de una semana. Si las almacena a temperatura ambiente, resistirán sin merma una semana; en el refrigerador hasta dos semanas.

El sabor dulce y estimulante de la toronja, hace que este fruto sea uno de nuestros "abridores de ojo" preferidos por la mañana. Su jugo es un "quita sed". Mezcle toronjas con otras frutas en las ensaladas de fruta. Parta en dos a lo ancho y cubra con azúcar morena o miel. Ponga sobre la parrilla (o en el microondas) hasta calentarla y sírvala con champaña. Corte en "sonrisas" las cuñas o gajos, como las naranjas, ofrézcalas como almuerzo. Combine con las verduras,

como espinacas y lechugas romanas, jugo o gajos de
toronja, aderece con sal y pimienta.

La receta tradicional más conocida de toronja para
el desayuno es la siguiente:

1. Quite ambos extremos con un cuchillo dentado. Esto
le dará una forma muy bonita.

2. De la cima hacia abajo, separe los gajos de la mem-
brana para separar la carne a intervalos de una pulgada
alrededor de la fruta.

3. Quite la cáscara.

4. Trabaje encima de un cuenco para recoger el jugo,
parta los gajos en pedazos pequeños y vuelva a
colocarlos dentro de las dos mitades.

La toronja no engorda, está libre de sodio y colesterol.
Es un alimento alto en fibra dietética, con buen contenido
de vitamina C y de vitamina A.

Datos nutrimentales sobre la toronja

Tamaño: 1/2 toronja cruda (154 g)

Grasa total 0 g	0%	Carbohidratos totales 16 g	5%
Grasas Saturadas 0 g	0%	Fibra dietética 6g	24%
Colesterol 0 mg	0%	Azúcares 10 g	
Sodio 0 mg	0%	Proteína 1 g	
Calorías 60		**Calorías de Grasa Cal. 0**	

Vitamina A 15%	Calcio 2%	Vitamina C 110%	Hierro 0%	Potasio 7%

Los porcentajes están basados en un régimen de 2000 calorías diarias.

Mis maneras favoritas de comer toronja

Para un bocadillo rápido, remojo un gajo de toronja fresca en cualquier variedad de yogur bajo en grasas. Puede elegir entre el de piña colada, manzana a la canela, el de vainilla o frambuesa roja, por nombrar algunos. Es delicioso.

Si quiere experimentar una sabrosa sorpresa, en su próxima ensalada verde o mixta, añada algunos segmentos de toronja agria. Los gajos de toronja dulce combinan bien con otras frutas frescas o para acompañar compotas.

El jugo de toronja fresca es fácil de hacer y una toronja rendirá 2/3 de taza de jugo.

Vieiras con toronja rosa

Ingredientes:

- ✔ 100 gramos de vieiras o almejas en rebanadas
- ✔ 1 cucharada de harina
- ✔ 2 cucharadas de aceite de oliva
- ✔ 1/4 de taza de vino blanco seco
- ✔ 2 cucharadas de jugo de almeja embotellado
- ✔ 1 cucharada de chalote o cebollines picados finamente
- ✔ 1/3 de taza de jugo de toronja
- ✔ 2 toronjas

✔ 1/2 cucharadita de cáscara de toronja rosa rallada finamente

✔ 1/2 cucharadita de azúcar

✔ 3 cucharadas de mantequilla sin sal

Preparación:

Corte finamente los gajos de las toronjas para la guarnición.

En un cuenco una las vieiras, la harina y la sal y sazone con pimienta.

En una sartén grande caliente el aceite a fuego ligeramente alto, vierta las vieiras o las almejas hasta sofreír, revolviendo, durante 2 a 3 minutos, o hasta que simplemente estén cocidas y ligeramente doradas. Transfiera las vieiras a un plato.

Agregue el vino a la sartén, raspe los pedazos castaños y revuelva con el jugo de almeja, el chalote, el jugo de toronja, la cáscara rallada y el azúcar. Hierva el líquido hasta que se reduzca a aproximadamente 1/3 taza. Pase la mezcla a través de un cedazo fino sobre la cacerola.

Ponga la cacerola a fuego bajo y bata la mantequilla, levantando la cacerola de vez en cuando para que no se sobrecaliente.

Agregue poco a poco la mantequilla hasta que se haya fundido completamente. Incorpore la salsa. Ésta no debe ponerse tan caliente que se licue, sino que deberá tener la consistencia de una mayonesa ligera.

Añada el chalote y las vieiras y caliente.

Guarnezca cada plato con algunas de las secciones de toronja y sirva.

Toronja con jengibre

Ingredientes:

- ✔ 2 cucharaditas de miel
- ✔ 1 toronja grande, partida en dos, sin semillas y los gajos separados
- ✔ 2 cucharadas de jengibre cristalizado

Preparación:

En un cuenco pequeño ponga la miel con 1/2 cucharadita de agua caliente y extienda la mezcla en las mitades de la toronja.

Salpique una cucharada de jengibre en cada mitad y enfríe durante por lo menos 2 horas o toda la noche.

Verduras mixtas con toronja

Ingredientes:

- ✔ 1 ajo pequeño hecho pasta con 1/4 de cucharadita de sal
- ✔ 3 cucharadas de jugo de toronja
- ✔ 3 cucharadas de vinagre de vino blanco
- ✔ 1 1/2 cucharadita de mostaza estilo Dijon
- ✔ 1/2 taza de aceite de oliva

✔ 1/3 de taza de perejil fresco (preferentemente sólo las hojas)

✔ 8 tazas de lechuga romana en tiras

✔ 3 manojos de arugula o de berros

✔ 3 tazas de hinojo (en su defecto, use apio)

✔ 1 taza de rábanos rebanados delgadamente

✔ 100 g de queso parmesano molido

✔ 3 toronjas grandes, en gajos, sin semillas ni piel

Preparación:

En un batidor revuelva la pasta de ajo, el jugo de toronja, el vinagre y la mostaza, vaya agregando el aceite a gotas, batiendo hasta que emulsione. Añada el perejil y sazone con sal y pimienta.

En una ensaladera revuelva la lechuga, los berros, el hinojo, los rábanos y la preparación, espolvoree el parmesano.

Decore con los gajos de toronja cortados y sirva la ensalada.

Ensalada de espinaca con toronja

Ingredientes:

✔ 2 cucharadas de vinagre de sidra o manzana

✔ 2 cucharadas de miel

✔ 2 cucharadas de mostaza

✔ 6 cucharadas de aceite de oliva

✔ 1/2 cebolla roja, cortada

✔ 100 g de tocino en pedazos (aproximadamente 1/2 taza)

✔ 1/4 de taza de pepitas de calabaza sin piel

✔ 1 manojo grande de espinacas

✔ 2 toronjas picadas, libres de membranas y semillas

Preparación:

Junte el vinagre, la miel y la mostaza y agregue el aceite gota a gota, batiendo hasta amalgamar.

En una sartén fría el tocino y la cebolla, hasta acitronar y que el tocino se dore. Agregue las pepitas y cocine, revolviendo, hasta dorar.

En una ensaladera ponga la espinaca, la toronja y la mezcla del tocino.

Combine y sirva.

Compota de piña y toronja

Ingredientes:

✔ 1 toronja

✔ 1 naranja de ombligo

✔ 1/2 piña

✔ 2 cucharadas de vino de jerez semiseco

✔ 2 cucharadas de miel

Preparación:

Mezcle los gajos de toronja sin piel ni semillas con las rodajas de naranja y los pedazos de la piña.

En una cacerola pequeña, vierta jugo de toronja, naranja y piña, así como el jerez, la miel y una pizca de sal. Cocine a fuego bajo, revolviendo, durante 1 minuto.

Vierta la mezcla encima de la fruta y mezcle la compota suavemente. Sirva de inmediato.

Pruebe a hacer este tipo de combinaciones con granadas rojas, naranjas y toronjas; sustituya la miel por azúcar morena o por azúcar dietética; en lugar de vino, experimente combinar jugos de frutas. Por ejemplo:

Naranja, toronja y compota de granada

Ingredientes:

- ✔ 1 1/2 tazas de vino blanco seco
- ✔ 1/4 de taza de Sherry seco
- ✔ 1/4 de taza de miel
- ✔ 1/2 taza de azúcar morena
- ✔ 6 toronjas
- ✔ 3 naranjas
- ✔ 1 granada

Preparación:

En una cacerola caliente el vino blanco, el Sherry, la miel y el azúcar hasta que suelten un hervor, revolviendo para disolver. Transfiera el jarabe a un vaso térmico y enfríe.

Corte la fruta en secciones, desechando membranas. Parta en dos la granada y exprima suavemente para sacar las semillas con su jugo.

Disponga en platos los cítricos, la granada y su jugo, y el jarabe de vino. Cubra, y enfríe por lo menos 15 minutos.

Revuelva la compota antes de servir.

Fruta seca, compota y toronja

Esta combinación también hará un postre muy bueno. Puede acompañarlo con helado de vainilla o yogur helado.

Ingredientes:

✔ 3 tazas arándanos agrios (pueden emplearse ciruelas pasas de Corinto)

✔ 1 vaso de jugo de manzana o jugo del arándano agrio

✔ 120 g de frambuesas frescas

✔ 120 g de albaricoques secos

✔ 120 g de peras secas

✔ 120 g de melocotones secos

✔ 6 cucharadas de miel

✔ 2 toronjas

Preparación:

Combine los frutos secos, el jugo y las frambuesas dentro de una cacerola y agregue agua hasta cubrir. Cocine a fuego lento hasta que la fruta esté tierna, aproximadamente 10 minutos. Transfiera la fruta a un cuenco. Hierva el líquido restante hasta almibararlo, aproximadamente 5 minutos. Vierta el jarabe sobre la fruta.

Refrigere hasta enfriar.

Quite toda la cáscara y la médula blanca de la toronja. Trabaje encima de un bol amplio para recoger los jugos, corte y quite las membranas y corte los gajos en secciones.

Agregue la toronja a la compota. Y adicione la miel.

Ensalada de berros con Roquefort, aguacate, toronja y pimentón

Ingredientes:

- ✔ 1 1/2 toronjas
- ✔ 1 1/2 aguacates
- ✔ 2 cucharaditas de vinagre de vino tinto
- ✔ 1/2 cucharadita de mostaza Dijon
- ✔ 1/2 cucharadita de pimentón
- ✔ 1/3 de cucharadita
- ✔ 1/3 de taza de aceite vegetal
- ✔ 3 tazas de berros
- ✔ 1/3 de taza de queso Roquefort

Preparación:

Con un cuchillo dentado pele las toronjas hasta quitar la cáscara y el tegumento, y trabajando encima de un recipiente corte la carne en secciones, desechando las membranas y reservando 6 cucharas de jugo.

Proceda del mismo modo con el aguacate, pele y quite el hueso y corte 12 cuñas. Bañe el aguacate cortado con tres cucharadas de jugo de toronja y colóquelos aparte.

Con un batidor una las otras tres cucharadas de jugo de toronja, el vinagre, la mostaza, el pimentón, sal y pimienta a su gusto, agregue el aceite gota a gota, batiendo la preparación hasta que emulsione.

En una ensaladera grande ponga los berros y mezcle con las dos terceras partes de la preparación, mezcle y divida en 4 platos de ensalada. Cubra el berro decorativamente con el aguacate y las secciones de toronja, salpique la ensalada con el Roquefort, y rocíe con la preparación restante.

Lomo de cerdo asado con toronja

Ingredientes:

✔ 2 cebollas, rebanadas

✔ 4 clavos de olor

✔ 4 dientes de ajo grandes, aplastados

✔ 1 cucharada de aceite vegetal

✔ 1 kilo de lomo de cerdo sin huesos

✔ 1 cucharada de semillas de cilantro, aplastadas

✔ 3 toronjas

✔ 5 cucharadas de azúcar

✔ 3/4 de taza de vino blanco seco

✔ 1 1/2 tazas de caldo de pollo

✔ 3 cucharadas de mantequilla sin sal

✔ 3 cucharadas de harina para todo propósito

Preparación:

En una cacerola fría las cebollas y el ajo. Agregue el lomo y sazónelo con sal y pimienta. Frote la carne con el cilantro y meta al horno caliente 1 hora o hasta que la carne se haya cocido completamente.

Mientras la carne de cerdo se está asando, quite 3 o 4 tiras largas de la cáscara de una toronja con una peladora de verduras o con un cuchillo dentado, quite el tegumento tanto como sea posible, y corte en una juliana fina, hasta llenar 1/4 de taza.

Luego pele las tres toronjas con un cuchillo dentado y recoja el jugo, corte la pulpa de la toronja en secciones, reservando el jugo.

Transfiera las secciones a un cedazo y deje escurrir. Reserve el jugo.

En una cacerola pequeña ponga tres cucharadas de azúcar, la cáscara de toronja en juliana y 1/2 taza del jugo, reservando el jugo restante para otro uso.

Deje que suelte un hervor, revolviendo hasta el azúcar se disuelva, espese y se vuelva un caramelo ligero.

Coloque la carne de cerdo en una tabla y deje reposar durante 10 minutos.

Mientras en la cacerola del asado vierta con el vino, y deje hervir raspando los pedazos castaños, hasta que el vino se haya reducido y entonces agregue el caldo.

Pase la mezcla través de un cedazo fino y viértala en la cacerola que contiene la cáscara de toronja, apretando duro los sólidos. Deje que la salsa suelte un hervor, revolviendo.

Incorpore la mantequilla batiendo hasta que la salsa esté uniforme y cueza a fuego lento, batiendo de vez en cuando, durante 2 minutos. Agregue el jugo de la carne de cerdo que soltó cuando la cortó. Sazone la salsa con sal y pimienta y guarde en el horno tibio.

Coloque las secciones de la toronja en una cacerola poco profunda o en un plato para gratinar lo bastante amplio para extenderlos en una capa, ponga sobre ellos 1 1/2 cucharas de azúcar, y áselos a la parrilla de 3 a 5 minutos o hasta que estén dorados.

La carne cortada en delgadas rodajas se sirve con la salsa y las secciones de toronja.

Ensalada de queso azul, toronja y betabel (remolacha)

Ingredientes:

- ✔ 1 manojo de berros sin tallos
- ✔ 1 toronja en secciones sin membranas ni semillas
- ✔ 30 g de queso azul, cortado en rodajas delgadas y pequeñas

✔ 2 betabeles cocidos, pelados y rallados

✔ 4 cucharaditas de aceite de oliva extra virgen

✔ 1 cucharada de vinagre balsámico

✔ sal y pimienta al gusto

Preparación:

Coloque sobre el berro la toronja y el queso decorativamente. En un cuenco ponga los betabeles, el aceite y el vinagre.

Bañe la ensalada con esta mezcla, sazone con sal y pimienta.

Ensalada de hinojo, toronja y aguacate

Ingredientes:

✔ 1/3 de taza de jugo de naranja fresco

✔ 1/4 de taza de jugo de limón fresco

✔ 3 cucharadas de aceite de oliva

✔ 2 cucharadas de miel

✔ 1 cucharada de chalotes picados (emplee puerros o cebollinos)

✔ 1 cucharadita de cáscara de limón rallada

✔ 1 cucharadita de cáscara de naranja rallada

✔ 1 cucharadita de jengibre fresco pelado y picado

✔ 1 cucharadita de mostaza seca

✔ 1 cucharadita de aceite de sésamo oriental

✔ 2 toronjas rosas grandes, sin cáscara ni médula blanca

✔ 1 hinojo, arreglado, rebanado en cortes delgados como papel

✔ 2 aguacates grandes, rebanado en cortes delgados

✔ 2 taza de arugula (o berros)

Preparación:

Bata los 10 primeros ingredientes en un mezclador. Sazone con sal y pimienta.

Coloque el hinojo en una fuente grande. Coloque la toronja y el aguacate sobre el hinojo. Vierta en llovizna el aderezo de la ensalada. Y coloque el arugula (o los berros, o achicoria) encima de la ensalada.

Ternera al cítrico

Ingredientes:

✔ 2 tazas de caldo de pollo sin sal

✔ 1 taza de jugo de toronja

✔ 1/2 taza de jugo de naranja

✔ 1 kilo de pierna de ternera cortada en trozos redondos

✔ Pimienta blanca

✔ 1 cucharada de miel

✔ 1 puerro grande, cortado en aros

✔ Cebollinos frescos

Preparación:

Mezcle el caldo y los jugos y ponga a cocer a fuego lento. Vaya poniendo la ternera en lotes. Cocine 2 minutos por cada lado. Con ayuda de unas tenazas ponga la ternera en los platos. Los cortes serán un poco más gruesos que bisteces, reserve el jugo.

Sazone la ternera con sal y pimienta blanca.

Agregue al líquido la miel y los aros de puerro y haga cocer a fuego lento hasta que el líquido se reduzca a 3/4 de taza, aproximadamente 6 minutos.

Vierta la salsa sobre la ternera y rocíe con los cebollinos cortados.

Fideos con salsa de crema cítrica

Ingredientes:

✔ 1/4 de kilo de pasta tubular

✔ 1 toronja rosa

✔ 2 naranjas de ombligo

✔ 2 cucharadas de mantequilla sin sal

✔ 1/2 taza de crema

✔ 1 cucharada de parmesano rallado

✔ 1 cucharada de hojas de perejil frescas

Preparación:

En una cacerola ponga dos litros de agua, sal y un chorro de aceite; deje que suelte un hervor, y agregue la pasta.

Con un cuchillo afilado corte la toronja y las naranjas. Trabajando encima de un cuenco, para recoger el jugo, quite a las frutas membranas, piel y huesos.

Exprima el jugo en un cuenco y reserve 1/4 de taza.

En una sartén ponga el jugo y la crema a fuego moderado, mezcle con la mantequilla. Cocine la pasta al dente. Escurra bien en un colador. Agregue el parmesano, el perejil y cubra con la salsa.

Guarnezca con los gajos de naranja y toronja.

Salsa de cítricos, especias y aguacate

Esta salsa encierra una serie encantadora de texturas y sabores. Es excelente para brochetas, asados a la parrilla, sobre filetes de salmón o sencillamente con pan frito.

Ingredientes:

- ✔ 2 naranjas grandes
- ✔ 1 toronja roja grande
- ✔ 1 cucharada de curry en polvo
- ✔ 1 aguacate
- ✔ 1/2 taza de cebolla roja
- ✔ 2 cucharadas de cebollinos frescos o cebollas verdes
- ✔ 1 cucharada de aceite
- ✔ Pimienta blanca

Preparación:

Pele naranjas y toronja y conviértalas en pulpa. Mezcle con el curry.

Hierva hasta reducir a 1/4 taza, aproximadamente 10 minutos.

Agregue el aguacate, la cebolla y los cebollinos, finamente picados, a los segmentos de cítrico. Rocíe con aceite y 2 cucharadas del jugo reducido (reserve el jugo restante para otro uso).

Sazone con sal y pimienta blanca. Vierta suavemente sobre su platillo; sirva de inmediato.

Ensalada de tortilla

Esta es una ensalada para fiestas, picante y dulce a la vez, esta ensalada es ideal con pollo asado a la parrilla o pescados.

Para el aderezo:

✔ 1 mango pequeño, pelado, sin hueso, partido en pedazos

✔ 1/2 taza de jugo de toronja

✔ 1/4 taza de jugo de lima, fresco

✔ 1/2 chile pasilla

✔ 2 cucharadas de chalote

✔ 1 1/2 cucharada de aceite

✔ 1 diente de ajo

Para la ensalada:

✔ 2 tazas de aceite para freír

✔ 6 tortillas de maíz, cortadas en tiras

✔ 3 tazas de col rebanada finamente

✔ 3 tazas de lechuga rebanada

✔ 1 1/2 tazas de mango, pelado, deshuesado, en tiras

✔ 1 taza de jícama pelada y cortada en tiras

✔ 3/4 taza de cebolla roja en rodajas

✔ 1 frasco de 200 g de pimientos morrones rojos, sin agua y en tiras

✔ 1/3 taza de semillas de calabaza, tostadas

✔ cilantro fresco al gusto

Preparación:

Mezcle todos los ingredientes del aderezo en la batidora hasta que forme una salsa uniforme. Sazone con sal y pimienta.

Haga la ensalada:

Caliente el aceite. Trabajando en lotes, agregue la tortilla y cocine hasta dorar los totopos, aproximadamente 4 minutos por lote. Seque con papel o servilletas.

En una ensaladera, combine la col, la lechuga, el mango, la jícama, la cebolla, los morrones, las semillas de calabaza y el cilantro. Agregue las tiras de tortilla.

Cubra con el aderezo.

El pomelo

Es el fruto más grande de los cítricos. Está considerado un manjar en muchas culturas asiáticas y es especialmente popular durante la celebración del Año Nuevo chino.

Este cítrico gigante es nativo de Malasia, donde todavía crece abundantemente, y se piensa que es el antepasado de la toronja.

El pomelo se forma en un árbol pequeño, que sólo en ocasiones sobrepasa los 6 metros de altura, cubierto de un follaje denso de hojas lustrosas, color verde oscuro, con peciolos alados. Las grandes flores blancas dan lugar a frutos amarillos globosos dispuestos en racimos semejantes a los de las uvas. Los pomelos varían en color, tamaño y forma.

Su tamaño puede variar desde el de un melón a tan grandes como una sandía. Más grandes que una toronja, generalmente redondos, pueden tomar la forma de una pera.

Los pomelos normalmente tienen de 16 a 18 gajos. El sabor es similar al de la toronja, pero más dulce y menos agrio. El volumen de jugo por fruta es menor al de una toronja.

Su cáscara puede variar de color: de amarillo pálido a amarillo castaño o rosa. El color de la carne varía de amarillo a rosa coral; y puede variar de jugosa a ligeramente seca, y de seductoramente picante y dulce a fuerte y agria.

Tienen por lo general una piel gruesa y tegumentos gruesos alrededor de los segmentos internos. La carne, rosa o blanca, es dulce, menos agria que la toronja, pero con el mismo toque ácido de los cítricos.

Usos

El pomelo es bajo en calorías y constituye una fuente excelente de vitamina C y de inositol, un compuesto del complejo de la vitamina B. Suele consumirse en el desayuno, en ensalada y en jugo.

Datos nutrimentales sobre los pomelos

Tamaño: 1/4 pomelo crudo (152 g)

Grasa total 0 g	0%	Carbohidratos totales 14 g	5%
Grasa Saturada 0 g	0%	Fibra dietética 0 g	0%
Colesterol 0 mg	0%	Azúcares 10 g	
Sodio 0 mg	0%	Proteína 1 g	

Calorías 60	**Calorías deGrasa Cal. 0**

Vitamina A 0%	Calcio 0%	Vitamina C 130%	Hierro 0%	Potasio 7 %

Los porcentajes están basados en un régimen de 2000 calorías diarias.

Use esta fruta como desayuno o bocadillo refrescante. Agregue a ensaladas. Escoja fruta pesada para su tamaño, libre de manchas y dulcemente fragante. Almacene en el refrigerador no más de una semana.

Los pomelos pueden usarse de la forma en que se acostumbra para la toronja.

El tiempo de pomelos es de noviembre a marzo.

Brocheta de toronja y filete

Ingredientes:

✔ 1 filete de 1/2 kilo (cerdo o res)

✔ 4 cucharadas de salsa de soya

✔ 2 cucharadas de azúcar morena

✔ 1/2 vaso de jugo de limón fresco

✔ 1 diente de ajo majado

✔ 1 pomelo rosa con cáscara, cortado en cuñas

✔ Cebollitas

✔ Trozos de pimiento morrón

✔ Jitomates cereza

Preparación:

Una vez que haya cortado el filete en cubos, prepare un aderezo con la soya, el azúcar, el jugo de limón y el ajo. Mezcle hasta emulsionar y bañe la carne en este preparado.

Corte la toronja en rodajas y divídalas por la mitad y luego nuevamente por la mitad, para formar cuñas con todo y la cáscara.

Inserte en las brochetas o pinchos de metal o madera, trozos de carne, cebolla, pimiento, jitomate y toronja.

Dore al horno, en barbacoa o a la parrilla y rocíe frecuentemente con limón, con jugo de toronja y con el preparado.

Sirva acompañado de rodajas de naranja.

X.

Cítricos, de todo un poco

IDEAS Y RECETAS ÚTILES

Cuando desee conservar frescas las hierbas de color, mezcle con cáscara de limón, pues ésta contiene bolsas de aceites esenciales que intensificarán su sazón al secar.

El jugo de cítricos se combina para hacer vinagretas maravillosas, aunque la toronja, naranja y mandarina quedan mejor mixtas con un chorro de jugo de limón o de lima, así como un toque de sal y pimienta, que dará énfasis a su sabor dulce natural. El limón, la lima y varios tipos de jugo de naranja y mandarina también son de valor inestimable en adobos rápidos, ablandan la carne en minutos y cocinarán en un glaseado caramelizado.

Para extraer más jugo de una fruta cítrica vale la pena calentarla en agua tibia, además de rodarlas en las palmas de las manos antes de apretar. La cáscara se ralla y se puede conservar en bolsas de plástico selladas dentro del congelador, se mantendrá fresca. Después de exprimir, guarde las cáscaras del cítrico; congélelas y úselas después, como aderezos para salsas, ensaladas y postres.

En algunas zonas del país se procura cosechar limones y naranjas de Valencia y tras volverlos jugo, se congelan, por lo que se conservan hasta cuatro meses. Las naranjas de ombligo contienen un componente que se vuelve amargo cuando el jugo se congela, así que no se recomienda emplearlas. La vitamina C se pierde gradualmente en este proceso, por lo que por norma es mejor consumir los vegetales y los frutos frescos, recién cosechados.

Las rodajas de cítricos secas se emplean para decoraciones de pasteles, postres y bebidas. Se cortan las frutas sin pelar en rodajas de 3 mm, se desechan los extremos. En perchas de alambre se colocan las rodajas y se secan en horno a temperatura media baja durante 4 horas. Se sacan del horno y se dejan en la percha para airear en seco.

En la mayoría de los casos pueden intercambiarse naranjas de Valencia y naranjas de ombligo en las recetas. Pero no se recomienda que las naranjas de ombligo se expongan a tiempos cocción largos, pues tienden a ponerse amargas, así que agregue el jugo de las naranjas de ombligo durante los últimos 5 minutos de la cocción, permitiendo simplemente calentar.

De todos los cítricos, la piel de la tangerina es la que mejor conserva su sabor y no necesita blanquearse (como sí debe hacerse en los demás casos) para eliminar el sabor amargo.

Si encuentra cítricos con todo y hojas verdes, buena señal, eso significa que acaban de ser cosechados.

Busque consumir fruta orgánica, esto quiere decir que no se hayan rociado con insecticidas ni fertilizantes químicos, que no se utilizaron fungicidas, ni se enceró su cáscara para darle color. De cualquier forma, lave la piel con agua y jabón y enjuague antes de consumir.

- No conserve cítricos por más de una semana, consúmalos diariamente.

- No use tanta sal, no es conveniente para su sistema circulatorio; mejor emplee el jugo de limón. Por ejemplo, haga la prueba al hervir pasta, el sabor es delicioso.

- Para evitar que plátanos, manzanas, aguacates, peras se oscurezcan por la oxidación, báñelos en jugo de limón, de naranja u otra fruta que contenga ácido cítrico, ya que este ácido impide la acción del oxígeno durante un tiempo.

- Lo anterior sirve también para papas, nabos, coliflores y otros vegetales que al hervirlos y dejarlos en el refrigerador pueden ennegrecerse; si en el agua vierte gotas de jugos cítricos, este efecto se demorará.

- Para ablandar las carnes, marine en jugo de limón, naranja o toronja; si desea un efecto mayor, agregue cáscara de papaya verde.

- No use recipientes metálicos para envasar cítricos, porque el ácido reacciona con el metal y produce un sabor desagradable.

Recetario de cítricos cinco al día, ¡viva más y mejor!

Para el desayuno, empiece el día con la mitad de una toronja, una naranja cortada en gajos o un vaso de jugo de toronja.

Las naranjas y las mandarinas son grandiosas para la botana o el tentempié.

En la Tierra de 5 al Día, todos llevamos mandarinas a la escuela o al trabajo. ¡Son tan fáciles pelar!

Use jugo de limón fresco en las verduras cocidas al vapor y en las ensaladas, olvídese de la sal.

Y para el postre, haga la prueba de elaborar alguna de las muchas recetas que le he dado.

Recuerde, cinco frutas en un día puede ser algo tan fácil como comer una mitad de naranja o de una toronja, un tangelo, dos mandarinas pequeñas o dos tangerinas, 3/4 de taza de jugo de naranja o jugo de toronja, 1/2 taza de naranjas en conserva con 100% de vitamina C.

La próxima vez que vaya al supermercado con su familia, deténgase en los cítricos, seleccione algunos y lléveselos a casa para probarlos.

SU OPINIÓN CUENTA

Nombre ....

Dirección:

Calle y núm. exterior .... interior ....

Colonia .... Delegación ....

C.P. .... Ciudad/Municipio ....

Estado .... País ....

Ocupación .... Edad ....

Lugar de compra ....

Temas de interés:

❐ *Empresa*   ❐ *Psicología*   ❐ *Cuento de autor extranjero*
❐ *Superación profesional*   ❐ *Psicología infantil*   ❐ *Novela de autor extranjero*
❐ *Motivación*   ❐ *Pareja*   ❐ *Juegos*
❐ *Superación personal*   ❐ *Cocina*   ❐ *Acertijos*
❐ *New Age*   ❐ *Literatura infantil*   ❐ *Manualidades*
❐ *Esoterismo*   ❐ *Literatura juvenil*   ❐ *Humorismo*
❐ *Salud*   ❐ *Cuento*   ❐ *Frases célebres*
❐ *Belleza*   ❐ *Novela*   ❐ *Otros*

¿Cómo se enteró de la existencia del libro?

❐ *Punto de venta*   ❐ *Revista*
❐ *Recomendación*   ❐ *Radio*
❐ *Periódico*   ❐ *Televisión*

Otros: ....

Sugerencias: _____

_____

_____

EL PODER CURATIVO DE LOS CÍTRICOS

10/01   3   8/01   11/08 9 10/08
6/03   4   5/02   1/10 11 9/09
4/06   7   1/06   11/12 (13) 2/10

3/19 (15) 1/17